Kreuzzahlrätsel

Schreibe in jedes freie Kästchen genau eine Ziffer. Die beste Kontrolle für deine Ergebnisse hast du, wenn du das Kreuzzahlrätsel sowohl „waagrecht" wie auch „senkrecht" jeweils vollständig löst.

Waagrecht:
1 Größte dreistellige Quadratzahl
4 Aller guten Dinge sind _____.
5 Wert des Quadrats einer Primzahl mit Quersummenwert[1] 2.
8 Jeder rechte Winkel hat _____ Grad.
9 Vielfaches von 37
11 Primzahl mit dem Quersummenwert[1] 10
12 Quadratzahl
13 Größte fünfstellige Zahl aus lauter verschiedenen Ziffern
15 Anzahl der Tage des Monats Februar im Jahr 2012
16 $3 \cdot 2^4 =$ _____
18 Zählst du von 696 aus in Fünferschritten zurück, dann erreichst du nach neunundzwanzig Schritten die Zahl _____.
19 Kleinste ungerade dreistellige natürliche Zahl mit dem Quersummenwert[1] 17
21 Vielfaches von 11
22 Vielfaches von 23
23 Kleinste Primzahl
24 Natürliche Zahl mit dem Quersummenwert[1] 21
28 Ein Trio besteht aus _____ Musikern.
29 kgV (4; 26) = _____
31 $2^9 =$ _____
32 $3^4 =$ _____
33 Natürliche Zahl mit dem Quersummenwert[1] 15
34 $5^8 : 5^5 =$ _____

Senkrecht:
1 Palindromzahl[2]
2 Natürliche Zahl mit zwölf Teilern
3 $2012^0 : 2011^0 =$ _____
4 Zahl mit dem Quersummenwert[1] 16
5 $111 : (3 \cdot 37) =$ _____
6 Primzahl
7 Zahl mit dem Quersummenwert[1] 10
9 Vielfaches von 17.
10 Vielfaches von 11
13 Palindromzahl[2]
14 Vielfaches von 3
15 $87 +$ „7 senkrecht" = _____
17 $213 +$ „9 waagrecht" = _____
18 Gehört zu „Primzahldrillingen"
20 Größte Ziffer
23 Quadratzahl
25 Vielfaches einer zweistelligen Primzahl
26 Vielfaches von 37
27 Zählst du von 252 aus in Viererschritten zurück, dann erreichst du nach 55 Schritten die Zahl _____ .
28 $2^0 + 2^1 + 2^3 + 2^4 + 2^5 + 2^8 =$ _____
30 Nachfolger der Zahl 27
32 Vielfaches von 41
34 $1^5 =$ _____

[1] Addierst du die Ziffern einer natürlichen Zahl, so erhältst du die Quersumme dieser Zahl. *Beispiele:* Die Quersumme der Zahl 546 ist 5 + 4 + 6; 546 hat also den Quersummenwert 15.

[2] Eine Palindromzahl ist eine natürliche Zahl, die „vorwärts" und „rückwärts" gelesen den gleichen Wert hat. *Beispiele:* 252; 12 721; 3 980 893.

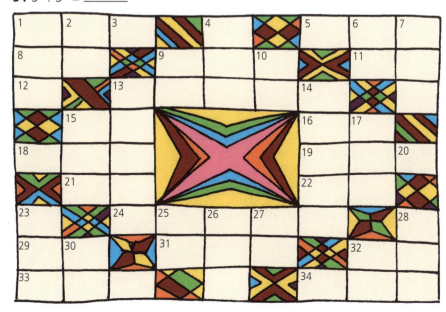

2 Teile eines Ganzen

1. Gib an, welcher Bruchteil in den Abbildungen jeweils getönt dargestellt ist und welche der sechs Figuren achsensymmetrisch sind.

I II III IV 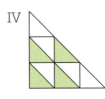 V VI

Figur	I	II	III	IV	V	VI
Bruchteil	$\frac{2}{4} = \frac{1}{2}$					
achsensymmetrisch?	ja					
Anzahl der Symmetrieachsen	2					

2. Male jeweils den angegebenen Bruchteil der Blume farbig so aus, dass sie dann wiederum achsensymmetrisch ist.

a) $\frac{1}{2}$  b) $\frac{1}{3}$ 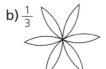 c) $\frac{1}{4}$  d) $\frac{3}{4}$ 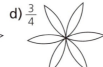 e) $\frac{5}{6}$ f) $\frac{7}{12}$

3. Trage den Punkt M (3 | 3) in das Koordinatensystem (Einheit 1 cm) ein.

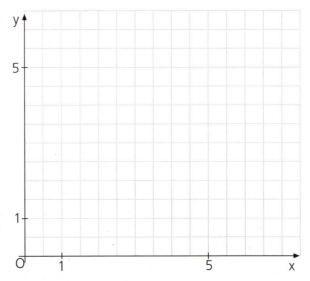

  a) Zeichne den Strahl [OM sowie den Kreis k mit Mittelpunkt M und Radiuslänge 3 cm.

  b) Zeichne mit deinem Geodreieck die Lotgerade zu [OM durch den Punkt M.

  c) Zeichne die Parallele zur x-Achse durch den Punkt M und die Parallele zur y-Achse durch den Punkt M.

  d) Mithilfe der Teilaufgaben a), b) und c) hast du die Kreisfläche in acht gleich große Teile zerlegt. Veranschauliche jetzt den Bruchteil $\frac{5}{8}$ farbig.

4. Gib jeweils an, welchen Bruchteil die Abbildung zeigt, und veranschauliche dann diesen Bruchteil auf eine zweite Art.

a) Bruchteil: $\frac{1}{3}$

b) Bruchteil: _____

c) Bruchteil: _____

d) Bruchteil: _____

Teile eines Ganzen

5. In jeder Abbildung ist ein Bruchteil farbig dargestellt. Gib jeweils an, welcher Bruchteil diesen farbig dargestellten Bruchteil zu einem Ganzen vervollständigen würde.

a)   b) 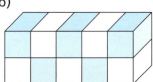 c) 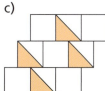 d)

Figur bzw. Körper	a)	b)	c)	d)
farbig markierter Bruchteil	$\frac{4}{5}$			
zu einem Ganzen fehlt (fehlen)	$\frac{1}{5}$			

6. Schätze jeweils die vier dargestellten Bruchteile und Mittelpunktswinkel und ergänze die Tabelle.

a) 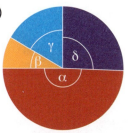 b)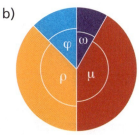

Farbe		rot	gelb	blau	violett
a)	Bruchteil	$\approx \frac{1}{2}$			
	Größe des Mittelpunktswinkels	$\alpha \approx 180°$	$\beta \approx$	$\gamma \approx$	$\delta \approx$
b)	Bruchteil				
	Größe des Mittelpunktswinkels	$\mu \approx$	$\rho \approx$	$\varphi \approx$	$\omega \approx$

7. Jede der natürlichen Zahlen 1 bzw. 3 bzw. 4 ist auf drei Arten als unechter Bruch veranschaulicht. Gib sie entsprechend jeweils dreimal als unechten Bruch an.

a)   b)

c)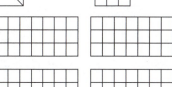

a) $1 = \frac{8}{8} = \underline{\hspace{1cm}} = \underline{\hspace{1cm}}$ b) $3 = \frac{3}{1} = \underline{\hspace{1cm}} = \underline{\hspace{1cm}}$ c) $4 = \underline{\hspace{1cm}} = \underline{\hspace{1cm}} = \underline{\hspace{1cm}}$

Teile eines Ganzen

8. Ordne jeden der folgenden Brüche in den richtigen Topf ein.

$\frac{1}{2}$ $\quad$ $\frac{4}{7}$ $\quad$ $\frac{29}{4}$ $\quad$ $\frac{38}{18}$ $\quad$ $\frac{7}{9}$ $\quad$ $\frac{1}{100}$ $\quad$ $\frac{25}{15}$ $\quad$ $\frac{15}{3}$ $\quad$ $\frac{22}{11}$ $\quad$ $\frac{2}{1}$ $\quad$ $\frac{2}{3}$ $\quad$ $\frac{111}{37}$ $\quad$ $\frac{9}{3}$ $\quad$ $\frac{3}{9}$ $\quad$ $\frac{29}{1000}$ $\quad$ $\frac{1}{23}$ $\quad$ $\frac{56}{8}$

Stammbrüche $\qquad$ Echte Brüche, aber keine Stammbrüche $\qquad$ Unechte Brüche, deren Wert eine natürliche Zahl ist $\qquad$ Unechte Brüche, deren Wert keine natürliche Zahl ist

9. Trage jeweils in jedes der beiden Kästchen eine passende natürliche Zahl ein.

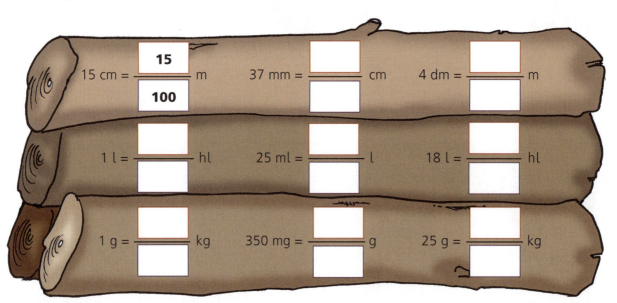

15 cm = $\frac{15}{100}$ m $\qquad$ 37 mm = $\frac{\Box}{\Box}$ cm $\qquad$ 4 dm = $\frac{\Box}{\Box}$ m

1 l = $\frac{\Box}{\Box}$ hl $\qquad$ 25 ml = $\frac{\Box}{\Box}$ l $\qquad$ 18 l = $\frac{\Box}{\Box}$ hl

1 g = $\frac{\Box}{\Box}$ kg $\qquad$ 350 mg = $\frac{\Box}{\Box}$ g $\qquad$ 25 g = $\frac{\Box}{\Box}$ kg

10. Trage in jedes Kästchen die passende natürliche Zahl ein.

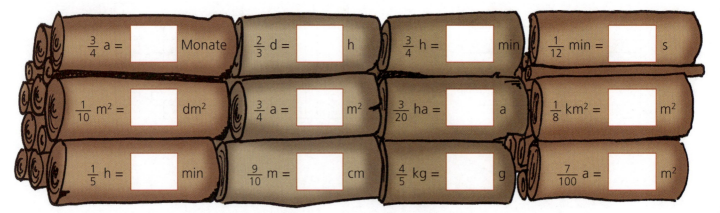

$\frac{3}{4}$ a = $\Box$ Monate $\qquad$ $\frac{2}{3}$ d = $\Box$ h $\qquad$ $\frac{3}{4}$ h = $\Box$ min $\qquad$ $\frac{1}{12}$ min = $\Box$ s

$\frac{1}{10}$ m² = $\Box$ dm² $\qquad$ $\frac{3}{4}$ a = $\Box$ m² $\qquad$ $\frac{3}{20}$ ha = $\Box$ a $\qquad$ $\frac{1}{8}$ km² = $\Box$ m²

$\frac{1}{5}$ h = $\Box$ min $\qquad$ $\frac{9}{10}$ m = $\Box$ cm $\qquad$ $\frac{4}{5}$ kg = $\Box$ g $\qquad$ $\frac{7}{100}$ a = $\Box$ m²

Teile von Größen – Kreuzzahlrätsel

Schreibe in jedes freie Kästchen genau eine Ziffer.

Waagrecht:
1 $\frac{1}{3}$ von 996 Schülern sind _____ Schüler.
4 $\frac{1}{7}$ von 987 km sind _____ km.
7 Die Hälfte von 0,92 hl sind _____ l.
8 Quadratzahl
9 Acht Dutzend sind _____ Stück.
10 Primzahl
11 $\frac{2}{5}$ von 0,64 km sind _____ m.
13 Spiegelzahl[1] von „9 waagrecht"
14 Primzahl mit zweistelligem Quersummenwert
16 Vorgänger von „13 senkrecht"
17 $\frac{2}{18}$ von 6 km 444 m sind _____ m.
19 $19^0 =$ _____
20 $\frac{3}{100}$ von 1 600 € sind _____ €.
21 $\frac{1}{10}$ h = _____ min
22 $\frac{5}{100}$ von 460 km sind _____ km.
23 $\frac{3}{8}$ von 1,56 kg sind _____ g.
24 410 € mehr als $\frac{1}{3}$ von 855 € sind _____ €.

Senkrecht:
1 Wert einer Potenz von 7
2 Quadratzahl
3 Ein Duo besteht aus _____ Personen.
4 Zähler eines Stammbruchs
5 Flächeninhalt eines Quadrats mit 7 m Seitenlänge: _____ m²
6 Umfangslänge eines Quadrats mit 41 m Seitenlänge: _____ m
8 $\frac{1}{8}$ eines Vollwinkels hat _____ °.
11 $\frac{3}{7}$ von 693 l sind _____ l.
12 11 min + $\frac{1}{10}$ min = _____ s
13 Nachfolger von „16 waagrecht"
15 Primzahl
16 Palindromzahl[2]
18 Quadratzahl
19 Gradanzahl eines stumpfen Winkels
22 Primzahl
24 Dreieckszahl[3]

[1] *Beispiele:* Die Spiegelzahl von 17 ist 71, die Spiegelzahl von 52 ist 25.

[2] Eine Palindromzahl ist eine natürliche Zahl, die „vorwärts" und „rückwärts" gelesen den gleichen Wert hat.
Beispiele: 252; 12 721; 3 980 893.

[3] Dreieckszahlen: 1; 3; 6; 10; 15; 21; 28; …

Erweitern und Kürzen

1. Trage in jedes Kästchen die passende natürliche Zahl ein. Schreibe dabei rot, wenn du erweitert hast, und blau, wenn du gekürzt hast.

2. Veranschauliche jeweils das Erweitern und ergänze die Aussage.

a) $\frac{1}{2} = \frac{3}{6}$

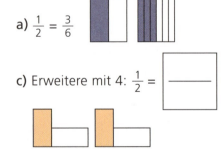

b) Erweitere mit 2: $\frac{1}{3} = $ ──

c) Erweitere mit 4: $\frac{1}{2} = $ ──

d) Es wurde mit ☐ erweitert: $\frac{1}{3} = $ ──

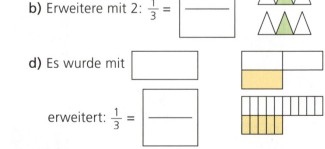

3. Veranschauliche jeweils das Kürzen und ergänze die Aussage.

a) $\frac{4}{10} = \frac{2}{5}$

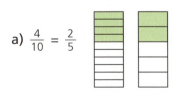

b) Kürze mit 4: $\frac{4}{8} = $ ──

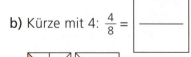

c) Kürze mit 3: $\frac{3}{6} = $ ──

Anteile in Prozent

1. Gib jeden der „farbigen" Bruchteile in Prozent an. Wie viel Prozent fehlen jeweils auf 100%?

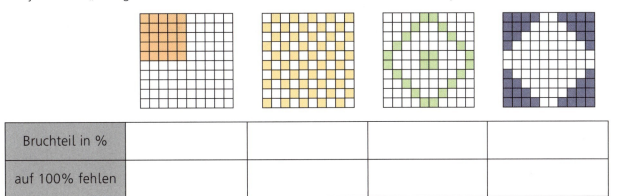

Bruchteil in %				
auf 100% fehlen				

2. Veranschauliche die in Prozent angegebenen (ungefähren) Anteile:
   a) Die Ozeane bedecken 70% der Erdoberfläche.
   b) Die Ozeane enthalten 97% des gesamten Wassers auf der Erde.
   c) Die Ozeane enthalten 90% aller Meereslebewesen in den obersten 100 m.
   d) Die Ozeane enthalten 50% aller bekannten Arten.

a) b) c) d)

3. Sophies Mutter kauft mit einer Kundenkarte ein. Bei jedem Einkauf werden ihr 3% Rabatt gewährt; dabei wird auf Cent gerundet. Berechne, wie viel ihr für ihre vier Einkäufe gutgeschrieben wird.

Dezimalzahlen

1. Ergänze die Stellenwerttafel.

Zahl in Bruchschreibweise	Z	E	,	z	h	t	zt	Dezimalzahl
$\frac{2567}{1000}$		2	,	5	6	7		2,567
$\frac{75}{100}$			,					
$\frac{19}{1000}$			,					
			,					12,092
			,					9,0909
			,					0,405

2. Erweitere bzw. kürze im Kopf jeweils so, dass die beiden Zahlen dann gleichnamig sind (d. h. gleiche Nenner bzw. gleich viele Dezimalen besitzen), und setze hierauf jeweils eines der drei Zeichen <, > bzw. = ein, sodass eine wahre Aussage entsteht.

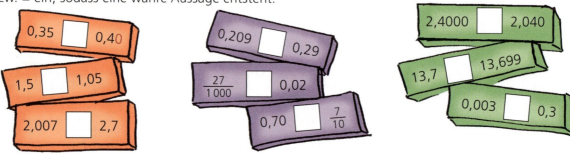

0,35 ☐ 0,40   0,209 ☐ 0,29   2,4000 ☐ 2,040

1,5 ☐ 1,05 $\frac{27}{1000}$ ☐ 0,02   13,7 ☐ 13,699

2,007 ☐ 2,7   0,70 ☐ $\frac{7}{10}$ 0,003 ☐ 0,3

3. Bei einigen der folgenden neun Dezimalzahlen kannst du Nullen weglassen, ohne dass sich ihr Wert ändert. Schreibe diese Zahlen gekürzt und gib alle Zahlen auch in Bruchschreibweise an.

$0,07 = \frac{7}{100}$	$0,0180 =$	$0,1000 =$
$0,70 = 0,7 = \frac{7}{10}$	$0,2002 =$	$0,0001 =$
$0,150 =$	$0,0200 =$	$0,00100 =$

4. Schreibe jeden Bruch zunächst als Hundertstelbruch und dann in Prozentschreibweise.

$\frac{3}{5} =$	$\frac{29}{50} =$	$\frac{4}{5} =$
$\frac{1}{2} =$	$\frac{1}{10} =$	$\frac{1}{25} =$
$\frac{9}{25} =$	$\frac{9}{12} =$	$\frac{11}{20} =$

Darstellen von Dezimalzahlen auf einem Zahlenstrahl – Größenvergleich

1. Suche die Bildpunkte der folgenden Dezimalzahlen in der angegebenen Reihenfolge auf dem Zahlenstrahl, schreibe gleichzeitig die Buchstaben usw. ab und lies dann Gregors Botschaft.

0   6,5   7,6   3,1   8,1   10   0,6   1,5   9,2   2,5   2,5   12   11,2   4,6   7,6

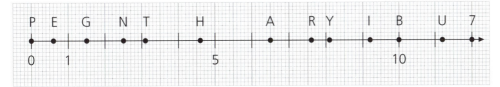

Botschaft: _____

2. a) Gib die Länge der Strecke an:

_____

Markiere auf dem Lineal 3,4 cm.

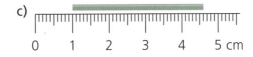

b) Gib die Länge der Strecke an:

_____

Markiere auf dem Lineal 0,07 m.

c) Gib die Länge der Strecke an:

_____

Markiere auf dem Lineal 5,1 cm.

3. Finde jeweils heraus, die Bildpunkte welcher Zahlen auf dem Zahlenstrahl mit A, B bzw. C bezeichnet wurden.

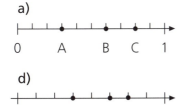
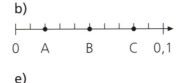
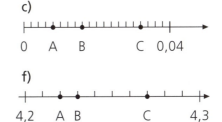

4. Orangen, Äpfel bzw. Bananen jeweils der gleicher Sorte wurden in verschiedenen Mengen abgepackt; ordne jeder Packung das zugehörige Preisschild zu.

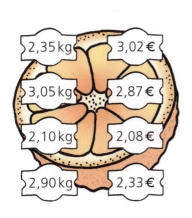
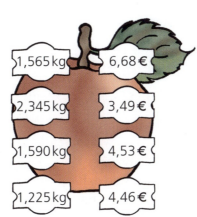
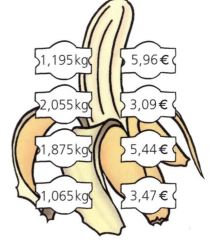

Umwandeln von Dezimalzahlen in Brüche und umgekehrt

1. Gib jeden der Brüche zunächst als „Zehnerbruch" und dann sowohl in Dezimalschreibweise wie auch in Prozentschreibweise an.

Bruch	$\frac{4}{5}$	$\frac{1}{2}$	$\frac{4}{4}$	$\frac{9}{25}$	$\frac{13}{250}$	$\frac{3}{4}$	$\frac{7}{20}$	$\frac{7}{500}$
als „Zehnerbruch"	$\frac{8}{10}$			$\frac{36}{100}$				$\frac{14}{1000}$
in Dezimalschreibweise	0,8							
in Prozentschreibweise	80%							

2. Löse das Rätsel und gib den Lösungssatz zunächst auf Englisch und dann auch auf Deutsch an.

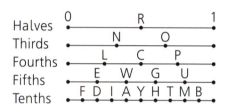

a) Lösungssatz auf Englisch (Brüche):

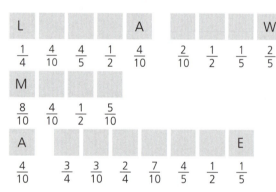

b) Lösungssatz auf Englisch (Dezimalzahlen):

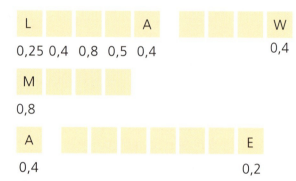

c) Lösungssatz auf Deutsch:

_____

_____

_____

_____

3. Welche Zahl in Bruch- bzw. Prozentschreibweise passt jeweils zu der Aussage?

$\frac{1}{2}$	$\frac{25}{25}$	30%	$\frac{3}{4}$	$\frac{6}{20}$	75%	50%	100%
			b)		b)		

a) Jeder zweite Gast bei McBurger ist unter 12.

b) Drei Viertel aller Schüler und Schülerinnen der Klasse 6B mögen Mathematik gerne.

c) Sechs von zwanzig Schülern und Schülerinnen sind weiter als 4,00 m gesprungen.

d) Alle 25 Kinder konnten bei der 2. Mathematikklassenarbeit die erste Aufgabe richtig lösen.

4. Gregor und Lucas wollen einen Kirschauflauf zubereiten. Im Kochbuch von Gregors Oma haben sie dafür ein Rezept gefunden. Rechne die Zutatenmengen für eine in g und kg geeichte Waage passend um.

Runden von Dezimalzahlen

1.

Runde auf Einer:	Runde auf Zehntel:	Runde auf Hundertstel:
3,458 ≈ 3	3,458 ≈	3,458 ≈
234,801 ≈	120,009 ≈	0,999 ≈
0,0999 ≈	330,0999 ≈	0,0999 ≈

2. Welche Quadratzahl bzw. welche Primzahl liegt jeweils am nächsten bei der angegebenen Zahl?

Zahl	16,25	365,99	145,1	404,44	626,25	22,5	108,2	0,9999
Quadratzahl	16							
Primzahl	17							

3. Schätze jeweils zunächst den Mittelpunktswinkel und stelle dann eine Vermutung darüber an, wie viel Prozent der Fettgehalt ungefähr beträgt.

Milch-   Zartbitter-   Wiener   Pistazien-
schokolade   schokolade   Würstchen   kerne

	Milchschokolade	Zartbitterschokolade	Wiener Würstchen	Pistazienkerne
geschätzter Mittelpunktswinkel			90°	
Vermuteter Fettgehalt in %			25%	

4.

Runde auf eine Dezimale:	Runde auf zwei Dezimalen:	Runde auf drei Dezimalen:
7,8219 ≈ 7,8	7,8219 ≈ 7,82	7,8219 ≈ 7,822
56,8927 ≈	56,8927 ≈	56,8927 ≈
99,9999 ≈	99,9999 ≈	99,9999 ≈

Runde auf €:	Runde auf km:	Runde auf m²:
23,45 € ≈	143,66 km ≈	45,678 a ≈
198,76 € ≈	777,76 km ≈	777,762 a ≈
67,85 € ≈	194,23 km ≈	194,23 dm² ≈

Runde auf l:	Runde auf h:	Runde auf kg:
45,678 hl ≈	6 h 49 min ≈	2 993 g ≈
7 342 ml ≈	750 min ≈	299,93 g ≈
37,877 l ≈	1 d 6 h 31 min ≈	12,1011 t ≈

Addieren und Subtrahieren von Brüchen

1. Ermittle jeweils den Termwert durch Rechnung und aus der Abbildung.

a) $\frac{1}{6} + \frac{1}{3} = \frac{1}{2}$

b) $\frac{7}{10} - \frac{1}{5} = \frac{1}{2}$

c) $1 - \frac{1}{5} - \frac{1}{10} = \frac{7}{10}$

d) $\frac{1}{2} + \frac{1}{12} = \frac{7}{12}$

e) $1 - \frac{4}{9} = \frac{5}{9}$

f) $1\frac{1}{2} - \frac{3}{4} = \frac{3}{4}$

2. Berechne jeweils den Summenwert und kürze ihn dann auf Grundform.

+	$\frac{1}{30}$	$\frac{7}{30}$	$\frac{11}{30}$	$\frac{17}{30}$	$\frac{23}{30}$
$\frac{1}{30}$	$\frac{2}{30} = \frac{1}{15}$	$\frac{8}{30} = \frac{4}{15}$	$\frac{12}{30} = \frac{2}{5}$	$\frac{18}{30} = \frac{3}{5}$	$\frac{24}{30} = \frac{4}{5}$
$\frac{7}{30}$	$\frac{8}{30} = \frac{4}{15}$	$\frac{14}{30} = \frac{7}{15}$	$\frac{18}{30} = \frac{3}{5}$	$\frac{24}{30} = \frac{4}{5}$	$\frac{30}{30} = 1$
$\frac{11}{30}$	$\frac{12}{30} = \frac{2}{5}$	$\frac{18}{30} = \frac{3}{5}$	$\frac{22}{30} = \frac{11}{15}$	$\frac{28}{30} = \frac{14}{15}$	$\frac{34}{30} = 1\frac{2}{15}$
$\frac{23}{30}$	$\frac{24}{30} = \frac{4}{5}$	$\frac{30}{30} = 1$	$\frac{34}{30} = 1\frac{2}{15}$	$\frac{40}{30} = 1\frac{1}{3}$	$\frac{46}{30} = 1\frac{8}{15}$
$2\frac{13}{30}$	$2\frac{14}{30} = 2\frac{7}{15}$	$2\frac{20}{30} = 2\frac{2}{3}$	$2\frac{24}{30} = 2\frac{4}{5}$	$2\frac{30}{30} = 3$	$2\frac{36}{30} = 3\frac{1}{5}$

3. Berechne jeweils den Differenzwert und kürze ihn dann gegebenenfalls auf Grundform.

Minuend \ Subtrahend	$\frac{1}{30}$	$\frac{7}{30}$	$\frac{11}{30}$	$\frac{17}{30}$	$\frac{23}{30}$
$\frac{23}{30}$	$\frac{22}{30} = \frac{11}{15}$	$\frac{16}{30} = \frac{8}{15}$	$\frac{12}{30} = \frac{2}{5}$	$\frac{6}{30} = \frac{1}{5}$	$\frac{0}{30} = 0$
1	$\frac{29}{30}$	$\frac{23}{30}$	$\frac{19}{30}$	$\frac{13}{30}$	$\frac{7}{30}$
$1\frac{1}{30}$	$\frac{30}{30} = 1$	$\frac{24}{30} = \frac{4}{5}$	$\frac{20}{30} = \frac{2}{3}$	$\frac{14}{30} = \frac{7}{15}$	$\frac{8}{30} = \frac{4}{15}$
$2\frac{11}{30}$	$2\frac{10}{30} = 2\frac{1}{3}$	$2\frac{4}{30} = 2\frac{2}{15}$	2	$1\frac{24}{30} = 1\frac{4}{5}$	$1\frac{18}{30} = 1\frac{3}{5}$
7	$6\frac{29}{30}$	$6\frac{23}{30}$	$6\frac{19}{30}$	$6\frac{13}{30}$	$6\frac{7}{30}$

Addieren und Subtrahieren von Brüchen

4. Ergänze jeweils die farbige Markierung so, dass der angegebene Bruchteil dargestellt wird.

a) $\frac{1}{2}$
b) $\frac{3}{4}$
c) 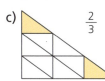 $\frac{2}{3}$
d) 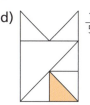 $\frac{1}{5}$
e) 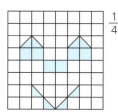 $\frac{1}{4}$

5. Berechne jeweils den Wert des Terms bei Summen ohne Umwandlung, bei Differenzen mit Umwandlung der gemischten Zahlen in unechte Brüche.

a) $1\frac{1}{5} + 5\frac{3}{5} =$

b) $8\frac{1}{5} + 17\frac{1}{15} =$

c) $5\frac{7}{12} - 3\frac{1}{6} =$

d) $7\frac{1}{10} - 1\frac{1}{5} =$

6. Berechne jeweils den Summen- bzw. Differenzwert im Kopf und trage dann seine Grundform ein.

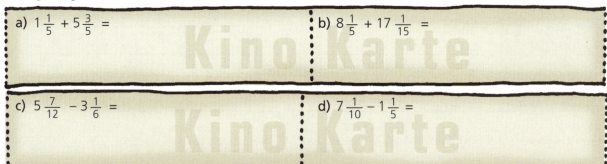

$\frac{57}{100} - \frac{7}{100} = \frac{1}{2}$; $\frac{5}{6} - \frac{1}{6} =$; $\frac{169}{225} - \frac{19}{225} =$

$1 - \frac{2}{3} =$; $\frac{1}{6} + \frac{7}{18} =$; $\frac{1}{10} + \frac{1}{100} + \frac{1}{1000} =$

$\frac{19}{50} + \frac{12}{25} =$; $\frac{8}{9} - \frac{5}{6} =$; $\frac{7}{15} - \frac{7}{25} =$

7. Berechne jeweils den Summenwert und kürze ihn dann gegebenenfalls auf Grundform.

+	$\frac{1}{6}$	$\frac{5}{6}$	$\frac{2}{15}$	$\frac{11}{60}$
$\frac{1}{2}$	$\frac{1}{2} + \frac{1}{6} = \frac{3}{6} + \frac{1}{6}$ $= \frac{4}{6} = \frac{2}{3}$			
$\frac{3}{5}$				
$\frac{7}{15}$				
$\frac{5}{6}$				

Addieren und Subtrahieren von Brüchen

8. Berechne jeweils den Differenzwert und kürze ihn dann gegebenenfalls auf Grundform.

Minuend \ Subtrahend	$\frac{1}{3}$	$\frac{1}{6}$	$\frac{7}{12}$	$\frac{1}{24}$
$\frac{3}{4}$	$\frac{3}{4} - \frac{1}{3}$ $= \frac{9}{12} - \frac{4}{12} = \frac{5}{12}$			
1				
$\frac{5}{6}$				
$1\frac{23}{24}$				

9. Ermittle jeweils den Termwert möglichst vorteilhaft; denke an die Rechengesetze!

a) $\frac{1}{3} + \frac{2}{5} + \frac{3}{7} + \frac{2}{3} + \frac{3}{5} + \frac{4}{7} =$

b) $\frac{12}{13} + \frac{7}{2} + \frac{14}{13} + \frac{15}{2} =$

c) $\frac{3}{8} + \frac{4}{9} + \frac{5}{11} + \frac{1}{8} + \frac{2}{9} + \frac{6}{11} =$

d) $3\frac{1}{5} - \frac{6}{5} + 4\frac{1}{7} - \frac{5}{7} =$

10. Schreibe jeweils auf die leeren Mauersteine Zahlen, sodass auf jedem Stein der Summenwert der Zahlen steht, die sich auf den beiden Steinen direkt darunter befinden.

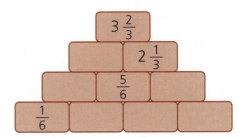

11. Bei jedem magischen Quadrat ist der Summenwert der Zahlen in jeder Zeile, in jeder Spalte und in jeder der beiden Diagonalen jeweils gleich groß.

$\frac{1}{2}$		$\frac{11}{24}$
	$\frac{1}{3}$	
$\frac{5}{24}$		

Ergänze die fehlenden Brüche so, dass du ein magisches Quadrat erhältst.

		♥
$\frac{3}{5}$	1	
		$\frac{6}{5}$

Finde heraus, welcher Bruch anstelle von ♥ in dem magischen Quadrat stehen muss.

Addieren und Subtrahieren von Dezimalzahlen

1. Ermittle jeweils den Summenwert bzw. den Differenzwert.

2. Markiere Kärtchenpaare, deren Summenwert eine natürliche Zahl ist, mit gleicher Farbe.

7,13   8,88   1,901   12,55   2,87
0,099   9,99   13,13   1,45   3,257   0,12
1,743   1,01   1,68   0,87   23,32

3. Gregor, Laura, Lucas und Sophie kaufen Fleisch, Wurst und Käse ein. Jedes der Kinder bezahlt mit einem 20-€-Schein. Gregor hat außer Parmesan noch drei weitere Artikel eingekauft; Sophie hat ebenfalls Parmesan gekauft. Lucas hat u. a. Schweine-Steaks gekauft, und Laura u. a. Mozzarella. Ergänze die Tabelle anhand der unten abgebildeten Kassenzettel.

	Kassenzettel-Nummer	Summenwert der auf € gerundeten Einzelbeträge	Exakter Summenwert der Einzelbeträge	Rückgeld (exakt)
Gregor	III	8 €		
Laura				
Lucas				
Sophie				

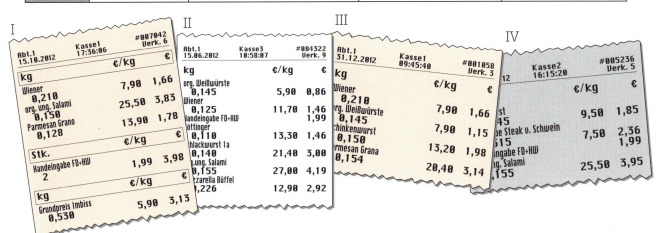

Addieren und Subtrahieren von Dezimalzahlen

4. Gib jeweils das Feld an, in dem das Ergebnis der Rechnung steht.

12,45 + 1,002 − 3,462   Das Ergebnis steht in Feld [A I].

100 − (22,56 + 72,57)   Das Ergebnis steht in Feld [   ].

(11,6 + 19,67) − (8,13 − 3,56)   Das Ergebnis steht in Feld [   ].

(11,11 − 9,72) + (93,45 − 87,21)   Das Ergebnis steht in Feld [   ].

48 − 2,69 − 11,1   Das Ergebnis steht in Feld [   ].

A	9,99	31,08	26,7
B	34,21	4,87	7,63
	I	II	III

5. Ergänze die folgende Tabelle.

Term	177,83 + (33,76 − 29,87)	(111,99 − 22,1) − 85,23
Überschlagsrechnung		
Exakte Rechnung und Termwert		
Der Termwert liegt zwischen den ganzen Zahlen		
Der Termwert liegt zwischen den Primzahlen		
Ergebnis der Überschlagsrechnung	☐ 🙂 ☐ 😐 ☐ ☹	☐ 🙂 ☐ 😐 ☐ ☹

6. In jedem der beiden 4-mal-3-Rechtecke stehen jeweils 12 Zahlen. Kennzeichne jedes der sechs Zahlenpaare,

    a) dessen Summenwert 2,9 ist, mit einer eigenen Farbe.

    b) dessen Differenzwert eine natürliche Zahl ist, mit einer eigenen Farbe.

1,733	0,999	$2\frac{1}{4}$	$1\frac{1}{10}$
0,65	0,555	2,9	1,8
1,901	0	2,345	1,167

1,733	0,1	$2\frac{1}{4}$	$1\frac{1}{10}$
0,25	17,6	$6\frac{3}{5}$	28
9,5	0	1,5	0,733

7. Ergänze die beiden Tabellen.

1. Summand	18,29	346,01	
2. Summand	44,11		0,0088
Summenwert		555,22	1,0008

Minuend	110,56	45,88	
Subtrahend	34,8		67,99
Differenzwert		13,21	100

Multiplizieren von Brüchen

1. Berechne jeweils den Produkt- bzw. Potenzwert. *Gregors Tipp:* Kürzen, sobald es möglich ist.

a) $32 \cdot \frac{3}{64} =$

$9 \cdot \frac{2}{117} =$

$18 \cdot \frac{7}{180} =$

$22 \cdot \frac{3}{88} =$

b) $\frac{5}{64} \cdot 16 =$

$35 \cdot 27 \cdot 0 =$

$\frac{11}{15} \cdot 5 =$

$\frac{19}{26} \cdot 13 =$

c) $\frac{8}{95} \cdot 38 =$

$5 \cdot \frac{2}{25} =$

$\frac{8}{61} \cdot 122 =$

$17 \cdot \frac{19}{51} =$

d) $\frac{1}{5} \cdot \frac{1}{3} =$

$\frac{1}{7} \cdot \frac{2}{4} =$

$\frac{3}{5} \cdot \frac{1}{2} =$

$\frac{2}{9} \cdot \frac{5}{7} =$

e) $\left(\frac{2}{5}\right)^2 =$

$\left(\frac{3}{7}\right)^2 =$

$\left(\frac{1}{13}\right)^2 =$

$\left(16\frac{1}{2} + 1\frac{1}{2}\right)^2 =$

f) $\frac{2}{5} \cdot \frac{5}{2} =$

$(128 - 18) \cdot (39 - 37) =$

$\frac{6}{36} \cdot \frac{1}{6} =$

$\frac{2}{15} \cdot \frac{5}{8} =$

g) $\frac{3}{4} \cdot \frac{5}{6} \cdot \frac{24}{25} = \frac{3 \cdot 5 \cdot 24}{4 \cdot 6 \cdot 25} = \frac{1 \cdot 1 \cdot 6}{1 \cdot 2 \cdot 5} =$

$\frac{13}{12} \cdot \frac{25}{26} \cdot \frac{4}{75} =$

$\frac{15}{81} \cdot \frac{18}{30} \cdot \frac{2}{3} =$

$\frac{3}{13} \cdot \frac{169}{9} \cdot \frac{5}{39} =$

Multiplizieren von Brüchen

2. Die Abbildungen veranschaulichen die folgenden Produkte:

$3 \cdot \frac{1}{4}$ $5 \cdot \frac{1}{8}$ $\frac{1}{2}$ von $\frac{1}{4}$ $\frac{1}{3}$ von $\frac{1}{2}$ $2 \cdot \frac{7}{12}$ $2 \cdot \frac{1}{6}$.

Die zugehörigen Buchstaben ergeben in der Reihenfolge dieser sechs Produkte den Nachnamen des bedeutenden Mathematikers GEORG _____ .

N    C   A

O   R 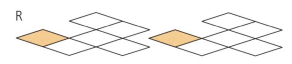   T

3. Berechne jeweils den Produkt- bzw. Potenzwert und setze dann die über den Termwerten stehenden Silben usw. zum Lösungssatz zusammen.

a) $\frac{2}{5} \cdot \frac{5}{7} = \frac{2 \cdot 5}{5 \cdot 7} = \frac{2 \cdot 1}{1 \cdot 7} = \frac{2}{7}$	b) $\frac{4}{5} \cdot 4 =$
c) $\frac{3}{7} \cdot 1\frac{2}{5} = \frac{3}{7} \cdot \frac{7}{5} =$	d) $\frac{13}{2} \cdot \frac{2}{13} =$
e) $\frac{5}{9} \cdot 6 =$	f) $\left(\frac{1}{4}\right)^2 = \frac{1}{4} \cdot \frac{1}{4} =$
g) $\left(\frac{1}{4}\right)^3 =$	h) $\left(\frac{2}{3}\right)^2 \cdot \frac{9}{7} =$
i) $\frac{6}{13} \cdot \frac{169}{12} =$	j) $2\frac{1}{2} \cdot \frac{5}{2} =$
k) $2\frac{1}{2} \cdot 5 =$	l) $\frac{2}{3} \cdot \frac{6}{5} \cdot \frac{5}{2} =$
m) $2\frac{1}{7} \cdot 2\frac{1}{3} =$	n) $\frac{4}{7} \cdot \frac{14}{36} =$

heu	soll	freu	Wer	ten.	nicht	gen	war	auf	sich	en	kann,	te	mor
$\frac{3}{5}$	$\frac{4}{7}$	$3\frac{1}{3}$	$\frac{2}{7}$	$\frac{2}{9}$	$6\frac{1}{2}$	2	5	$6\frac{1}{4}$	$3\frac{1}{5}$	$\frac{1}{16}$	$\frac{1}{64}$	1	$12\frac{1}{2}$

Lösungssatz: Wer _____ .

4. Wähle jeweils eine **Basis** und einen **Exponenten** so aus, dass du den zugehörigen **Potenzwert** findest, und markiere dann die drei zusammengehörenden Felder mit gleicher Farbe.

Basis			Exponent			Potenzwert		
$\frac{1}{2}$	$\frac{2}{3}$	$\frac{1}{7}$	1	2	2	$\frac{4}{9}$	$\frac{7}{33}$	$\frac{1}{32}$
$\frac{1}{100}$	$\frac{5}{13}$	$\frac{2}{3}$	4	5	0	$\frac{125}{512}$	$\frac{16}{81}$	$\frac{5}{6}$
$\frac{5}{8}$	$\frac{7}{33}$	$\frac{5}{6}$	1	3	3	$\frac{25}{169}$	$\frac{1}{343}$	1

Dividieren von Brüchen

1. Ergänze die Tabelle.

Zahl	$\frac{3}{11}$	$\frac{1}{2}$	$\frac{2}{3}$	5	1	$\frac{5}{6}$	$\frac{2}{5}$	$\frac{1}{10}$	$1\frac{5}{7}$
Kehrwert	$\frac{11}{3}$	2							

2. Die Abbildungen veranschaulichen Divisionen. Ergänze jeweils die Rechnung.

a)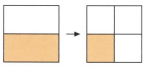
Rechnung: $\frac{1}{2} : 2 = \frac{1}{4}$

b) Rechnung: $1 : \frac{1}{2} = 2$

c) Rechnung: _____

d) Rechnung: _____

e) Rechnung: _____

3. Berechne jeweils den Quotientenwert.

a) $3\,m : \frac{3}{4} = 3\,m \cdot \frac{4}{3} = \frac{3 \cdot 4}{3}\,m = 4\,m$

$5\,kg : \frac{1}{10} =$

$4\,l : \frac{5}{6} =$

$7\,€ : \left(\frac{1}{100}\,€\right) =$

b)

$\frac{2}{5} : \frac{3}{25} =$

$\frac{14}{8} : \frac{3}{16} =$

$\frac{17}{13} : \frac{1}{26} =$

c) $\frac{5}{9} : 2 = \frac{5}{9 \cdot 2} = \frac{5}{18}$

$2\frac{1}{5} : 3 = \frac{11}{5} : 3 =$

$\frac{1}{28} : \frac{3}{7} =$

$\frac{9}{23} : \frac{6}{69} =$

d) $2\frac{1}{25} : 17 =$

$\frac{15}{7} : \frac{6}{7} =$

$5\frac{1}{6} : \frac{62}{100} =$

$\frac{11}{6} : \frac{11}{12} =$

Dividieren von Brüchen

4. Bei diesen Zahlenmauern steht auf jedem Stein der Wert des Produkts bzw. des Quotienten der Zahlen auf den beiden Steinen direkt darunter. Ergänze jeweils alle fehlenden Zahlen.

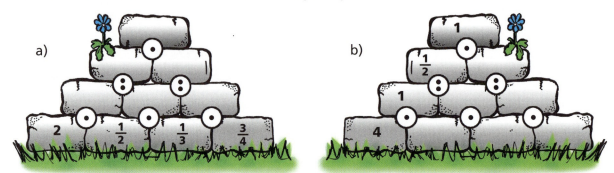

5. a) Lege die sechs Kärtchen [1] [1] [2] [2] [4] [4] so, dass du aus

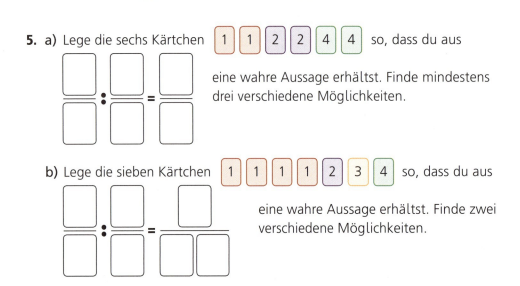

eine wahre Aussage erhältst. Finde mindestens drei verschiedene Möglichkeiten.

b) Lege die sieben Kärtchen [1] [1] [1] [1] [2] [3] [4] so, dass du aus

eine wahre Aussage erhältst. Finde zwei verschiedene Möglichkeiten.

6. Mineralwasser wird in $\frac{1}{2}$-Liter-Flaschen, in $\frac{3}{4}$-Liter-Flaschen und in $1\frac{1}{2}$-Liter-Flaschen abgefüllt. Berechne jeweils (im Kopf oder auf einem Extrablatt) die Anzahl der benötigten Flaschen und trage sie in die Tabelle ein.

Abfüllung in $\frac{1}{2}$-Liter-Flaschen	300 l	600 l	750 l	900 l	1 200 l
Anzahl der Flaschen					

Abfüllung in $\frac{3}{4}$-Liter-Flaschen	300 l	600 l	750 l	900 l	1 200 l
Anzahl der Flaschen					

Abfüllung in $1\frac{1}{2}$-Liter-Flaschen	300 l	600 l	750 l	900 l	1 200 l
Anzahl der Flaschen					

Dividieren von Brüchen

7. Bei Schmuckstücken wird der im Metall enthaltene Goldanteil oder Silberanteil durch einen Stempel angegeben: Die Zahl 333 auf einem Goldring bedeutet, dass $\frac{333}{1\,000}$ dieses Rings aus Gold bestehen; die Zahl 800 auf einer Silberkette bedeutet, dass $\frac{800}{1\,000}$ dieser Kette aus Silber bestehen.

a) Sophies Goldring hat 10 g und trägt einen 750er-Stempel. Gib den Goldanteil in Gramm und in Milligramm an.

_____

b) Lauras silberne Kette hat 45 g und trägt einen 925er-Stempel. Gib den Silberanteil auf Gramm gerundet an.

_____

_____

8. Der Flächeninhalt jedes der drei Quadrate beträgt $1\frac{9}{16}$ dm².

a) Berechne den Flächeninhalt A jedes der drei farbig markierten Bereiche.

I   II 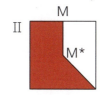   III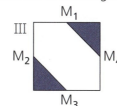

Die Punkte M, M_1, M_2, M_3 und M_4 sind Mittelpunkte von Quadratseiten; M* ist Mittelpunkt der beiden Quadratdiagonalen.

$A_I =$ _____ $A_{II} =$ _____ $A_{III} =$ _____

b) Finde durch Überlegen heraus, wie lang jede der vier Quadratseiten ist.

Länge jeder der vier Quadratseiten: _____

c) Berechne die Umfangslänge jeder der farbig markierten Figuren I und II, wenn jede Diagonale etwa $1\frac{3}{4}$ dm lang ist.

$U_I \approx$ _____

$U_{II} \approx$ _____

9. Sophie bereitet Bänder von eineinhalb Metern Länge für einen ungarischen Bändertanz vor. Wie viele Bänder dieser Länge erhält sie von einer Rolle mit 30 m Band?

Rechnung: _____

Antwort: _____

10. Laura erhält 12 € Taschengeld im Monat; das ist eineinhalbmal so viel Taschengeld, wie ihr Bruder Simon bekommt, aber nur zwei Drittel des Taschengelds, das ihre Schwester Sandra erhält. Finde heraus, wie viel Taschengeld Simon bzw. Sandra im Monat bekommen.

Simon: _____   Sandra: _____

Multiplizieren von Dezimalzahlen

1. Berechne jeweils den Produkt- bzw. Potenzwert; rechne dabei möglichst viel im Kopf. Wenn du eine Nebenrechnung machen möchtest, so führe sie auf einem Extrablatt durch.

a)
0,34 · 10 = 3,4

0,0051 · 1 000 = 5,1

0,111 · 100 =

6,05 · 10 000 =

b)
100 · 1,86 =

10 · 1,0068 =

1 000 · 1,111 =

10 000 · 2,2 =

c)
1,51 · 2 =

3,0128 · 3 =

23 · 4 =

39,3 · 6 =

d)
0,5 · 0,3 =

90 · 0 · 81 =

1,7 · 0,5 =

3,5 · 0,2 =

e)
1,5 · 1,8 =

1,5 · 0,18 =

15 · 0,18 =

0,15 · 0,18 =

f)
2,25 · 3,6 =

22,5 · 3,6 =

22,5 · 0,36 =

4 · $1{,}5^2$ =

g)
$1{,}7^2$ = 1,7 · 1,7 = 2,89

$2{,}5^2$ =

$1{,}9^2$ =

$2{,}4^2$ =

h)
13,5 · 1,8 =

0,007 · 4,9 =

0,01 · 1,05 =

1,625 · 2,5 =

i)
13,5 · 0,18 =

0,007 · 49 =

0,001 · 1,05 =

16,25 · 0,25 =

j)
2,7 m · 4,5 m = 12,15 m²

4 · 1,95 m =

3 · 6,5 kg =

10 · 27,9 l =

k)
2,75 · 3,6 ≈ 3 · 4 = 12

55,1 · 12,6 ≈

103,6 · 102,6 ≈

0,6 · 8,7 ≈

l)
2,75 m · 3,6 m =

55,1 · 12,6 =

103,6 · 102,6 =

0,6 · 8,7 =

Multiplizieren von Dezimalzahlen

2. 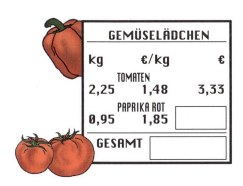 Viele Kassenzettel enthalten Angaben wie auf dem abgebildeten Kassenbon. Dort sind u. a. angegeben

	Ware (z.B. Bananen)	
Masse in kg	Preis in € pro Kilogramm (geschrieben: €/kg)	Preis in €
mit drei Dezimalen	mit zwei Dezimalen	mit zwei Dezimalen

Ergänze jeden der Kassenzettel (führe deine Nebenrechnungen auf einem Extrablatt durch).

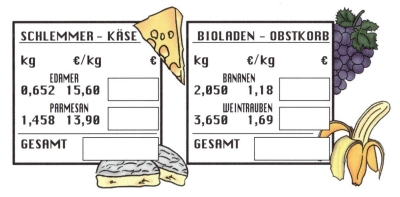

3. Setze jeweils – ohne die Produktwerte zu berechnen – an Stelle des Platzhalters ▨ eines der Zeichen <, > bzw. = so ein, dass eine wahre Aussage entsteht.

a) 1,8 · 25,6 ▨ 18 · 2,56 b) 28 · 31,7 ▨ 2,8 · 31,7 c) 21 · 32,5 ▨ 3,25 · 2,1

d) 4,88 · 99,9 ▨ 0,488 · 999 e) 350 · 0,19 ▨ 35 · 19 f) 7,28 · 45,0 ▨ 72,8 · 450

4. Vervollständige die Tabelle.

1. Faktor	2. Faktor	Überschlagsrechnung	Wert des Produkts exakt	Wert des Produkts auf Ganze gerundet	Wert des Produkts auf zwei Dezimalen gerundet
2,065	5,89	2 · 6 = 12	12,16285	12	12,16
15,48	0,763				
0,65	0,99				
12,59	0,64				

5. Bei diesen Zahlenmauern steht auf jedem Stein der Wert des Produkts der Zahlen auf den beiden Steinen direkt darunter. Ergänze jeweils alle fehlenden Zahlen.

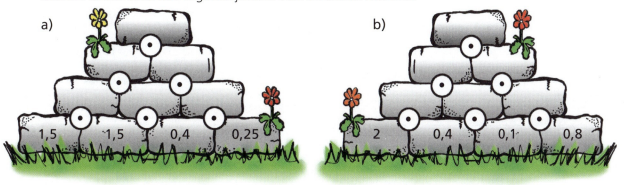

Dividieren von Dezimalzahlen

1. Berechne jeweils den Wert des Quotienten und setze dann die über den Termwerten stehenden Silben usw. zum Lösungssatz zusammen. Rechne dabei möglichst viel im Kopf. Wenn du eine Nebenrechnung machen möchtest, so führe sie auf einem Extrablatt durch.

a) 17 : 10 b) 0,5 : 100 c) 1,7 : 1 000 d) 170 : 1 000 e) 0,23 : 100 f) 3,04 : 2
g) 18 : 0,6 h) 6,4 : 0,8 i) 4,2 : 14 j) 0,8 : 0,16 k) 0,012 : 0,3 l) 1,33 : 1,9
m) 9,92 : 31 n) 0,459 : 8,5 o) 41,8 : 76 p) 0,045 : 0,5 q) 406,77 : 5,25 r) 9 : 0,015
s) 2,004 : 0,4 t) 14,162 : 1,46 u) 9,61 : 0,31 v) 1,568 : 11,2 w) 6,831 : 25,3 x) 2,56 : 32
y) 777 : 518 z) 7 : 0,1 ä) 0,1 : 0,001 ö) 0,9 : 0,9 ü) 9 : 0,009

ih	der	ha	Wert;	Nicht	je	Irr	nur	fährt,	Käst	und	nach	deckt	tü	da.
1,52	600	0,17	8	0,55	0,09	1,7	0,04	0,14	1	0,32	5,01	0,08	0,005	0,054

mer	der,	doch	Ameri	ent	(Erich	ren	hie	ka.	ben	je	In	dien	ner)
0,0017	77,48	5	1,5	0,27	100	30	0,7	70	0,0023	0,3	9,7	31	1 000

Lösungssatz: Irr_____

2. Bei diesen Zahlenmauern steht auf jedem Stein der Wert des Produkts bzw. des Quotienten der Zahlen auf den beiden Steinen direkt darunter. Ergänze jeweils alle fehlenden Zahlen.

3. Setze jeweils anstelle des Platzhalters ■ eines der Zeichen <, > bzw. = ein, sodass eine wahre Aussage entsteht. Versuche, die Teilaufgaben zu lösen, ohne die Termwerte auszurechnen.

a) 12,5 : 0,5 ■ 125 : 5   b) 22,5 : 0,15 ■ 2250 : 15   c) 0,0081 : 0,9 ■ 0,81 : 9
d) 1 : 2 ■ 10 : 20   e) 27 : 81 ■ 270 : 8,1   f) 100 : 0,1 ■ 10 : 0,01
g) 9,3 : 0,0031 ■ 93 : 31   h) 243 : 24,3 ■ 1 : 0,1   i) 123 : 12,3 ■ 12,3 · 123
j) 1 : 0,5 ■ 1 + 0,5   k) 1 − 0,5 ■ 1 · 0,5   l) $(1 - 0,5)^2$ ■ $(1 - 0,5)^0$
m) 0,5 : 0,5 ■ 0,5 · 0,5   n) 2 · 0,5 ■ 0,5 : 2   o) $(2 \cdot 0,5)^0$ ■ $(2 : 0,5)^0$

Dividieren von Dezimalzahlen

4. a) Gregor legt aus einem 10,8 m langen Seil ein Dreieck mit lauter gleich langen Seiten. Wie lang ist jede der drei Seiten?

___

b) Laura legt aus einem 10,8 m langen Seil ein Quadrat. Wie lang ist jede der vier Seiten?

___

c) Lucas legt aus einem 10,8 m langen Seil ein Fünfeck mit lauter gleich langen Seiten. Wie lang ist jede der fünf Seiten?

___

d) Sophie legt aus einem 10,8 m langen Seil ein Sechseck mit lauter gleich langen Seiten. Wie lang ist jede der sechs Seiten?

___

5. Wähle jeweils eine Dezimalzahl als **Dividend** und eine als **Divisor** so aus, dass du den zugehörigen **Quotientenwert** findest, und markiere dann die drei zusammengehörenden Felder mit gleicher Farbe.

Dividend			Divisor			Quotientenwert		
0,5	0	0,0027	0,000006	12,05	8,8	0,01	100 000	100
8,8	27	4,5	0,27	0,005	9,9	10	50	1 000
2,5	0,99	0,006	0,05	0,45	0,00027	0,1	0	1

6. In den Klassen 6A, 6B und 6C wurde in der gleichen Unterrichtsstunde die gleiche Mathematikklassenarbeit geschrieben. Das Säulendiagramm zeigt die Notenverteilung in den drei Klassen. Stelle zuerst die Notenverteilung in einer Tabelle dar und berechne dann die drei Notendurchschnitte.

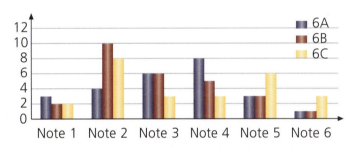

Klasse	Note 1	Note 2	Note 3	Note 4	Note 5	Note 6	Klassenstärke
6 A	3-mal	4-mal	6-mal	8-mal	3-mal	1-mal	25
6 B							
6 C							

Durchschnittsnote der Klasse 6A: $(3 \cdot 1 + 4 \cdot 2 + 6 \cdot 3 + 8 \cdot 4 + 3 \cdot 5 + 1 \cdot 6) : 25 = 82 : 25 = 3,28$

Durchschnittsnote der Klasse 6B: ___

Durchschnittsnote der Klasse 6C: ___

Periodische Dezimalzahlen

1. Auf Abschnitten von Zahlenstrahlen sind die Bildpunkte von Zahlen in Bruchschreibweise markiert. Gib bei jeder dieser Zahlen an, ob sie sich als abbrechende („endliche") Dezimalzahl oder als nichtabbrechende periodische Dezimalzahl darstellen lässt.

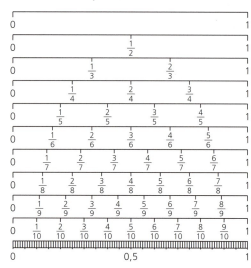

Abbrechende („endliche") Dezimalzahlen ergeben die Brüche $\frac{1}{2}$; $\frac{1}{4}$; $\frac{2}{4}$; _____

_____

Nichtabbrechende periodische Dezimalzahlen ergeben die Brüche $\frac{1}{3}$; _____

_____

2. Ergänze die Tabelle.

Bruch	Bruch in Grundform	Primfaktorzerlegung des Nenners der Grundform	Dezimalzahldarstellung			Dezimalzahl	Dezimalzahl auf Hundertstel gerundet
			abbrechend	nichtabbrechend reinperiodisch	nichtabbrechend gemischtperiodisch		
$\frac{5}{6}$	$\frac{5}{6}$	$6 = 2 \cdot 3$			X	$0{,}833\ldots = 0{,}8\overline{3}$	$0{,}83$
$\frac{5}{11}$		11					
$\frac{13}{650}$		$50 =$					
$\frac{3}{14}$							
$\frac{2}{15}$							

3. Welche Brüche haben sich für den Zirkus dezimal verkleidet? Markiere jeweils mit gleicher Farbe.

Verbindung der Grundrechenarten bei Brüchen und Dezimalzahlen

1. Beginne deinen Ausflug auf der **Rechenschnecke** mit der ersten Zahl auf ihrem Haus, also mit $5\frac{1}{3}$. Da direkt daneben „$+\frac{1}{2}$" steht, rechnest du $5\frac{1}{3} + \frac{1}{2}$ (= $5\frac{2}{6} + \frac{3}{6}$); dein Ergebnis, der Summenwert $5\frac{5}{6}$, kommt in das nächste Feld auf dem Schneckenhaus. Unmittelbar daneben steht „$+\frac{1}{6}$", und $5\frac{5}{6} + \frac{1}{6}$ ergibt 6; dieser Summenwert kommt in das nächste Feld. In dieser Weise setzt du deinen Ausflug durch die Grundrechenarten bis zum innersten Feld auf dem Schneckenhaus fort; dort erwartet dich ein „rundes" Ergebnis, wenn du immer fehlerfrei gerechnet hast. Dabei hilft es sehr, wenn du möglichst oft ans Kürzen denkst.

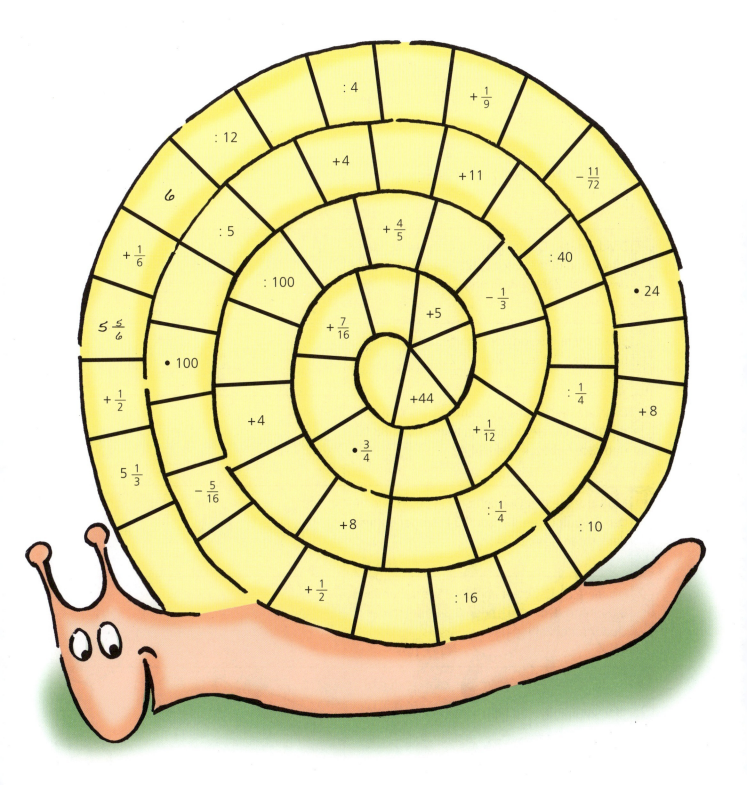

Verbindung der Grundrechenarten bei Brüchen und Dezimalzahlen

2. Gib jeweils einen (Gesamt-)Ansatz an und berechne dann den Termwert ggf. auf einem Extrablatt.

	Textaufgabe	Ansatz und Termwertberechnung
a)	Addiere $\frac{1}{2}$ zur Summe der beiden Zahlen 0,13 und 1,5.	$(0{,}13 + 1{,}5) + \frac{1}{2} = (0{,}13 + 1{,}50) + \frac{1}{2}$ $= 1{,}63 + 0{,}50 = 2{,}13$
b)	Subtrahiere 0,83 vom Produkt der beiden Zahlen 9,8 und 0,44.	
c)	Dividiere die Differenz mit dem Minuenden 233,55 und dem Subtrahenden 157,8 durch die Differenz mit dem Minuenden 117,05 und dem Subtrahenden 91,8.	
d)	Addiere $(0{,}14 + 2{,}96)^1$ zur dritten Potenz der Zahl 1,1.	
e)	Dividiere den Quotienten mit dem Dividenden 10,24 und dem Divisor 0,128 durch die Summe der beiden Zahlen 8,06 und 7,94.	
f)	Subtrahiere 2,9 von der Summe der Quadrate der beiden Zahlen 1,5 und 1,2.	
g)	Dividiere die Summe der Zahlen $2\frac{17}{20}$ und 0,57 durch die Differenz mit dem Minuenden 88,02 und dem Subtrahenden 84,42.	
h)	Multipliziere den Quotienten mit dem Dividenden 2,89 und dem Divisor 0,34 mit der Summe der Zahlen $\frac{7}{16}$ und $\frac{2}{32}$.	
i)	Dividiere die Differenz mit dem Subtrahenden 0,045 und dem Minuenden 0,345 durch das Quadrat der Zahl $\frac{1}{10}$.	
j)	Dividiere die dritte Potenz der Zahl $\frac{1}{6}$ durch den Quotienten mit dem Dividenden $\frac{1}{120}$ und dem Divisor $\frac{1}{1200}$.	

Verbindung der Grundrechenarten bei Brüchen und Dezimalzahlen

3. Gib bei jedem der sechs Terme zunächst die Art des Terms und dann jeweils eine Wortform an.

	Term	Art des Terms	Wortform z. B.
a)	$\left(\frac{1}{7} + \frac{1}{49}\right) \cdot 7$	Produkt	Multipliziere die Summe der Zahlen $\frac{1}{7}$ und $\frac{1}{49}$ mit 7. *Oder:* Multipliziere die Summe der Stammbrüche $\frac{1}{7}$ und $\frac{1}{49}$ mit der viertkleinsten Primzahl.
b)	$(7{,}2 : 0{,}3^2 + 1^3) : 8{,}1$		
c)	$\left(\frac{1}{3} : \frac{1}{9} - \frac{1}{4} : \frac{1}{8}\right) : 7$		
d)	$\left(625 : 5^3 - 2 : \frac{1}{2}\right) : \frac{1}{5}$		
e)	$(22{,}20 : 0{,}37 - 0{,}8 \cdot 0{,}6) : 12$		
f)	$(99{,}9 - 10{,}1) : 0{,}02 - 400$		

Achsensymmetrische und drehsymmetrische Figuren

Gib Details an, die die Achsensymmetrie dieses Katzenbilds „brechen":

_____
_____
_____

Entwurf selbst ein achsensymmetrisches Tierbild:

Finde heraus, welche der hier abgebildeten Zeichnungen von M. C. Escher drehsymmetrisch sind; gib ggf. das Zentrum und die Größe des kleinstmöglichen Drehwinkels an. Gib an, welche dieser drehsymmetrischen Figuren auch punktsymmetrisch sind.

_____
_____
_____

Entwurf selbst ein drehsymmetrisches Tierbild:

Grundkonstruktionen

Hinweis: Beim Konstruieren darf man nur Zirkel und Lineal verwenden und nichts abmessen.

1. Gegeben ist eine Strecke der Länge a.
   a) Konstruiere eine Strecke der Länge $b = \frac{3}{4} a$.
   b) Konstruiere eine Strecke der Länge $c = 1{,}25\, a$.

2. Gegeben sind zwei Strecken der Länge s bzw. t;
   konstruiere eine Strecke der Länge $d = \frac{1}{2} s - \frac{1}{4} t$.

3. Gegeben sind die Winkel  und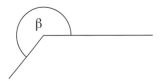

   Konstruiere
   a) einen Winkel der Größe $\varphi = \beta - \alpha$.
   b) einen Winkel der Größe $\delta = \frac{\beta}{2} - \frac{\alpha}{4}$.

4. Ermittle durch Konstruktion und anschließende Messung auf mm genau den Abstand d der beiden Parallelen g und h und konstruiere ihre Mittelparallele m.

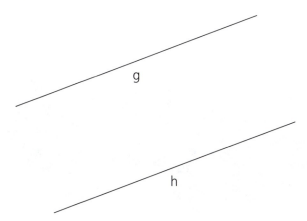

5. Konstruiere das Lot l_1 bzw. l_2 zur Geraden g durch den Punkt P bzw. durch den Punkt Q und ermittle dann mit Hilfe deines Geodreiecks den Abstand der beiden Lote l_1 und l_2.

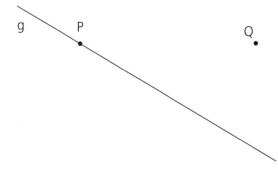

6. An drei Wägen des Gallierdorfs ist je ein Rad zerbrochen; die noch brauchbaren Reste siehst du unten. Asterix hat die Aufgabe, jeden dieser Reste jeweils wieder zu einem vollständigen Rad zu ergänzen. Zum Vorzeichnen und Aussägen der hierfür erforderlichen Bretter benötigt er von jedem dieser drei Räder die Radius- bzw. die Durchmesserlänge.
Finde bei jedem der drei Radteile durch Konstruktion und anschließende Messung möglichst genau die Radius- und die Durchmesserlänge heraus und vervollständige dann die Tabelle.

Maßstab: 1 : 15

I

Maßstab: 1 : 20

II

Maßstab: 1 : 25

III

Rad	I	II	III
Radiuslänge in der Konstruktionsfigur			
Durchmesserlänge in der Konstruktionsfigur			
Radiuslänge in Wirklichkeit			
Durchmesserlänge in Wirklichkeit			

Verschieben einfacher ebener Figuren 33

1. Verschiebe jeweils die Figur entsprechend dem Verschiebungspfeil. Zeichne dann das sich hierbei ergebende Schrägbild; achte dabei auf unsichtbare Kanten.

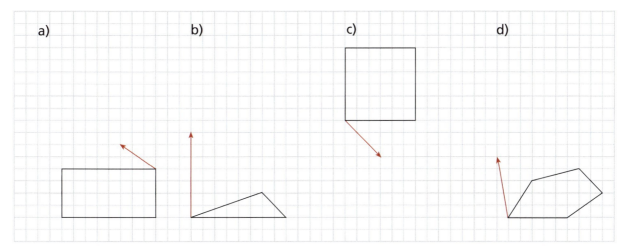

2. Trage die Punkte A (0 | 0), B (1 | 0), C (3 | 1), D (6 | 1), E (7 | 0), F (7 | 1), G (8 | 2), H (7 | 2), I (4 | 3), J (3 | 7), K (1 | 8), L (1 | 7), M (2 | 6), N (1 | 2) und O (0 | 0) in das Koordinatensystem ein, ohne sie zu beschriften, verbinde sie in dieser Reihenfolge miteinander, male die Figur passend aus und ergänze sie durch den Punkt Q (2 | 7) sowie die Strecke von L bis R (1,5 | 7). Führe dann die durch den Verschiebungspfeil mit Anfangspunkt O (0 | 0) und Endpunkt P (4 | 5) gegebene Verschiebung durch. Gehe dabei möglichst geschickt vor.

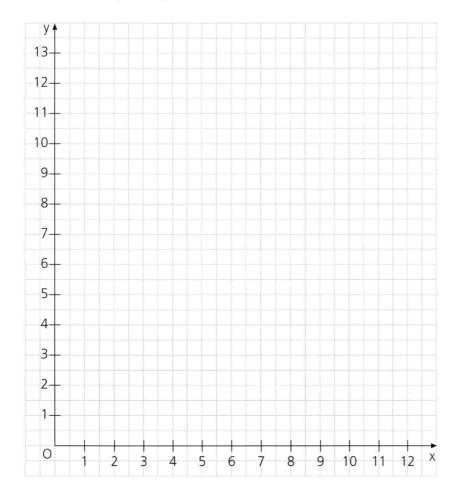

Prozentrechnung – Berechnen des Prozentsatzes

1. Gib jeweils den Prozentsatz an; rechne dabei möglichst viel im Kopf.

	20 € von 40 €	15 € von 60 €	2 ct von 2 €	11 Punkte von 33 Punkten	8 km von 40 km
Prozentsatz					

2. Mache jeweils zur Ermittlung des ungefähren Prozentsatzes eine Überschlagsrechnung, markiere das passende Feld und ordne dann die darunter stehenden Buchstaben zum Lösungswort um.

	12 € von 25 €			8 € von 81 €			48 kg von 200 kg			72 m von 350 m			1,3 km von 2,5 km		
Prozent-satz	25%	50%	5%	1%	10%	20%	2,5%	45%	25%	2%	15%	20%	20%	50%	5%
	T	D	A	U	O	F	R	T	U	R	M	A	A	N	H

Lösungswort: _____

3. Gib den Anteil jeweils gerundet als Dezimalzahl mit drei Dezimalen und als Prozentsatz mit einer Dezimale an. Führe Nebenrechnungen auf einem Extrablatt durch.

Durch eine Diät hat Herr Schwarz 34 kg von 151 kg abgenommen.		Gregor ist an zwei Tagen 133 km von 180 km gefahren.		Lucas hat von 150 Punkten 101 Punkte erreicht.		14 der 34 Klassen des Kepler-Gymnasiums gehen ins Kino.	
Anteil als		Anteil als		Anteil als		Anteil als	
Dezimal-zahl	Prozentsatz	Dezimal-zahl	Prozentsatz	Dezimal-zahl	Prozentsatz	Dezimal-zahl	Prozentsatz
≈ 0,225	≈ 22,5%						

4. a) Der Preis eines Pullovers wurde von 30 € auf 18 € herabgesetzt.
Um wie viel Prozent wurde der Preis des Pullovers herabgesetzt? _____

b) Der Preis einer Zehnerkarte fürs Schwimmbad beträgt 16 €. Eine Einzelkarte kostet 1,80 €.
Gib an, um wie viel Prozent zehn Einzelkarten mehr kosten als eine Zehnerkarte. _____

c) Lucas hat bei einem Test 68 von 85 möglichen Punkten erreicht. Wie viel Prozent der Höchstpunktzahl hat Lucas erreicht? _____

d) Gregors weitester Sprung beim Sportfest war 4,40 m, sein zweitbester 3,96 m.
Finde heraus, wie viel Prozent seiner größten Sprungweite Gregor bei seinem zweitbesten Sprung erreichte. _____

5. Bei der Schulsprecherwahl des Bertha-von-Suttner-Gymnasiums wurden _____ und _____ als Schulsprecher/Schulsprecherin gewählt. Leon erhielt 648 Stimmen.
Etwa wie viel Prozent aller Stimmen erhielt er? _____

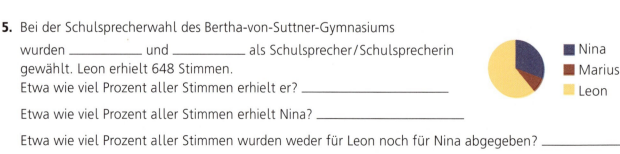

Etwa wie viel Prozent aller Stimmen erhielt Nina? _____

Etwa wie viel Prozent aller Stimmen wurden weder für Leon noch für Nina abgegeben? _____

Prozentrechnung – Berechnen des Prozentwerts

1. Berechne, was diese drei im Preis herabgesetzten Artikel jetzt kosten.

Turnschuhe: _____

_____

Koffer: _____

_____

Sessel: _____

_____

2. Rechne bei den folgenden Aufgaben möglichst viel im Kopf.

a)
- 19% von 120 € sind
- 5% von 200 kg sind
- 24% von 400 dm² sind
- 15% von 60 min sind
- 1% von 300 € ist

b)
- 100% von 6,50 € sind
- 125% von 60 kg sind
- 150% von 400 a sind
- 175% von 90 min sind
- 75% von 80 hl sind

c)
- 60% von 150 € sind
- 45% von 900 km sind
- 65% von 500 ha sind
- 22% von 300 mg sind
- $33\frac{1}{3}$% von 195 kg sind

d)
- 25% von 140 € sind
- 12,5% von 140 € sind
- 75% von 400 dm² sind
- 37,5% von 400 dm² sind
- $66\frac{2}{3}$% von 60 dm² sind

e)
- 3% von 28 m³ sind
- 30% von 28 kg sind
- 8% von 320 cm³ sind
- 19% von 200 hl sind
- 20% von 640 € sind

f)
- 11% von 6 € sind
- 22% von 12 € sind
- 55% von 12 € sind
- 155% von 12 mg sind
- 30% von 60 dm² sind

Prozentrechnung – Berechnen des Prozentwerts

3. Erkläre die Aussagen.

a) Lucas sagt: „Wir haben 75% von 12 Fußballspielen nicht verloren."

_____

b) Laura sagt: „Mein T-Shirt ist aus 100% Baumwolle."

_____

c) Gregor sagt: „Ich habe gelesen, dass der Mensch zu fast 70% aus Wasser besteht."

_____

d) Sophie sagt: „In der Zeitung stand, dass es noch Länder gibt, in denen weit über 75% der Mädchen keine Schule besuchen können."

_____

4. Frau Müller bezahlt drei Rechnungen. Ergänze jeweils die fehlenden Zahlen.

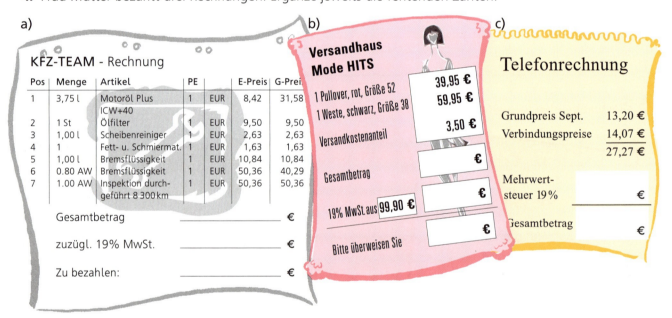

5. Lauras Mutter hat beim Schönback-Versand Backzubehör bestellt, lässt aber die Speisefarben und die Messkanne zurückgehen.

Wie viel Geld (einschließlich MwSt.) muss Lauras Mutter an die Firma SCHÖNBACK überweisen?

_____

_____

_____

Prozentrechnung – Berechnen des Grundwerts

1. Berechne bei jeder der sechs Teilaufgaben den Grundwert möglichst im Kopf.

a) Kevin sagt: „Die Computerzeitschrift hat 3 € gekostet; das sind 25% meines Taschengelds."

b) Yasmin sagt: „Ich habe meiner Schwester heute 2 € gegeben und damit 10% meiner Schulden bezahlt."

c)

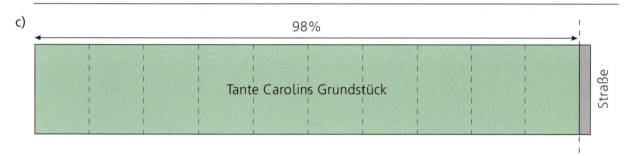

Sophie sagt: „Von Tante Carolins Grundstück müssen 18 m² für eine Straße abgetreten werden."

d) Kevins Mutter kauft im Kaufhaus MERLIN mit Kundenkarte ein; bei jedem Einkauf werden ihrem Kundenkonto 3% des Rechnungsbetrags gutgeschrieben. Nach einem Jahr erhält sie einen Gutschein über 20,55 €.

e) Sophie sagt bei einer Fahrradtour zu Laura: „Heute haben wir 63 km zurückgelegt; das sind bereits 35% der gesamten Strecke. Jetzt haben wir nur noch _____ km vor uns."

f) Gregor seufzt: „Die CD kostet 12 €, das sind 80% meines ‚Besitzes'."

2. a) 55% der Mitglieder des Tennisclubs TC 91, das sind 110 Personen, sind Erwachsene. Berechne, wie viele Mitglieder er insgesamt hat.

b) In der Buchhandlung König werden Taschenbücher nach Abzug von 15% Rabatt zum Preis von 7,65 € abgegeben. Wie viel hat jedes dieser Taschenbücher regulär gekostet?

Zuordnungen

1. Ordne jedem der sechs Tiere seine maximale Länge und seine maximale Masse zu:
30 cm; 90 cm; 150 cm; 190 cm; 300 cm; 640 cm; 1,2 kg; 10 kg; 75 kg; 250 kg; 350 kg; 5 t.

Tier	Fuchs	Igel	Elefant	Löwe	Tiger	Wolf
Maximale Länge						
Maximale Masse						

2. Ordne jeder der sechs Primfaktorzerlegungen die durch sie festgelegte natürliche Zahl zu.

Primfaktorzerlegung	$2^4 \cdot 3 \cdot 5$	$3^4 \cdot 5$	$2 \cdot 5^3$	$2^5 \cdot 3^2$	$2 \cdot 3 \cdot 5 \cdot 7$	$2^2 \cdot 11$
Zahl						

3. Ordne jeder der sechs Zahlen ihre Zerlegung in nach zunehmender Größe geordnete Primfaktoren zu.

Zahl	196	225	500	144	105	99
Primfaktorzerlegung						

4. Ordne jeder der vier Gleichungen ihre Lösungsmenge über der Grundmenge {0; 1; 2; 3; 4} zu.

Gleichung	$x(4-x) = x^2$	$x(4-x) = 4x - x^2$	$x(4-x) = 16 - x^2$	$x^2(4-x) = 4x - x^2$
Lösungsmenge				

1. Die Ergebnisse einer Klassensprecherwahl und einer Stadtratswahl werden durch die beiden Kreisdiagramme dargestellt:

Hinweis: Im Folgenden bedeutet „Stimme(n)" stets „gültige Stimme(n)".

a) Vergleiche die beiden Diagramme. Was fällt dir auf?
_____
_____

b) Finde heraus, wie viel Prozent aller Stimmen jede der vier Personen bzw. jede der vier Parteien erhalten hat.

Kandidat/Kandidatin	Dominik	Gundi	Lena	Severin
Größe des Mittelpunktswinkels				
Stimmenanteil in Prozent				
Partei	FRP	SFD	CMU	GRU
Größe des Mittelpunktswinkels				
Stimmenanteil in Prozent				

c) Lena hat eine Stimme mehr erhalten als Severin. Berechne jeweils, wie viele Stimmen Dominik, Gundi, Lena bzw. Severin erhalten hat.

d) Die FRP hat 17 748 Stimmen, das sind 20% aller Stimmen, erhalten. Berechne, wie viele Stimmen insgesamt abgegeben wurden und wie viele Stimmen die anderen Parteien bei dieser Wahl erhielten; runde sinnvoll. Verfügen zwei der Parteien zusammen über die absolute Mehrheit?

Diagramme

2. Gib in der Tabelle zu jedem Säulen- bzw. Balkendiagramm das zugehörige Kreisdiagramm an. Finde zu jedem Diagramm eine passende Überschrift.

Zu dem	Diagramm I	Diagramm II	Diagramm III	Diagramm IV
gehört das	Diagramm	Diagramm	Diagramm	Diagramm

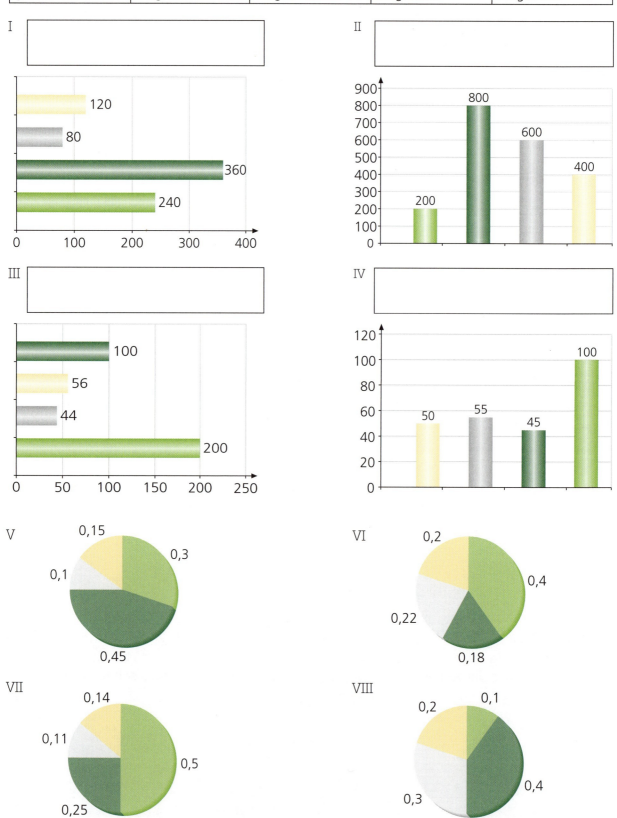

Diagramme

3. Das Diagramm stellt das „Kommen und Gehen" der Gäste in einem Hotel dar.

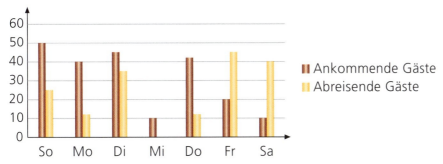

Ergänze die Tabelle und beantworte dann die Fragen.

Tag Anzahl der	So	Mo	Di	Mi	Do	Fr	Sa
ankommenden Gäste	50						
abreisenden Gäste	25						
Gäste mindestens	25						

a) An welchem Tag sind am meisten Gäste angekommen? _____ Anzahl: ____

b) An welchem Tag sind am meisten Gäste abgereist? _____ Anzahl: ____

c) An welchen Tagen sind am wenigsten Gäste angekommen? _____ Anzahl: je ____

d) An welchem Tag sind am wenigsten Gäste abgereist? _____ Anzahl: ____

e) An welchem Tag waren am meisten Gäste im Hotel? _____ Anzahl: ____

f) Wie viele Betten hat das Hotel mindestens? _____

4. Das Diagramm zeigt den Durchschnittspreis von 1 Kugel Eis von 1950 bis 2000 (in Euro).
Im vorigen Sommer musstest du für eine Kugel Eis bereits etwa _____ € bezahlen.

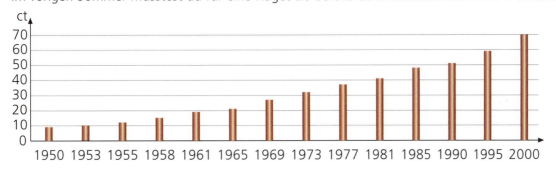

a) Beschreibe das Diagramm.

b) Lies aus dem Diagramm ab: Im Geburtsjahr deines Vaters kostete eine Kugel Eis etwa
_____ €, in dem deiner Mutter etwa _____ €.

c) Lies ab, etwa wie viel eine Kugel Eis in dem Jahr gekostet hat, in dem dein Vater (deine Mutter) so alt war, wie du heute bist. Frage deine Eltern, wie viel Taschengeld sie damals erhalten haben:

Als dein Vater ____ Jahre alt war, kostete eine Kugel Eis etwa _____ ; er erhielt damals _____ Taschengeld im Monat. Als deine Mutter ____ Jahre alt war, kostete eine Kugel Eis etwa _____ ; sie erhielt damals _____ Taschengeld im Monat.

5. Das Diagramm zeigt die maximalen Sprungweiten einiger Säugetiere und des Menschen, die Tabelle die zugehörigen ungefähren Körpergrößen. Berechne, das Wievielfache der Körpergröße die Sprungweite jeweils ausmacht (runde dabei auf 2 g. Z.).

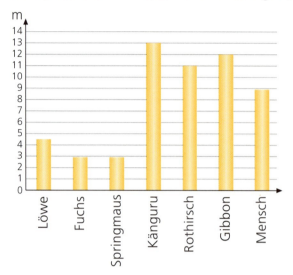

Tier	Körpergröße	Vielfaches
Löwe	1,9 m	2,4-fach
Fuchs	90 cm	
Springmaus	17 cm	
Känguru	1,9 m	
Rothirsch	2,65 m	
Gibbon	90 cm	
Mensch	1,9 m	

6. Tina und Tom haben ein kleines Café eröffnet und zählen die Anzahl der Besucher und Besucherinnen an den ersten fünf Tagen nach der Eröffnung. Tina hat die Anzahl der Gäste in dem linken Säulendiagramm dargestellt, Tom im rechten. Trage die Anzahl der Gäste an diesen fünf Tagen in die Tabelle ein.

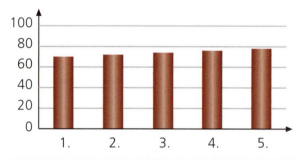
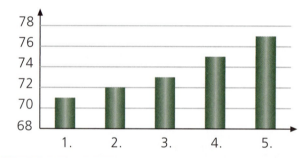

	1. Tag	2. Tag	3. Tag	4. Tag	5. Tag
Anzahl der Gäste (Tinas Diagramm)					
Anzahl der Gäste (Toms Diagramm)					

a) Vergleiche deine Eintragungen in der Tabelle. Was stellst du fest?
_____
_____

b) Warum hast du beim Betrachten des rechten Diagramms den Eindruck, dass das Geschäft von Tag zu Tag wesentlich besser läuft, nicht aber beim linken?
_____
_____

Absolute und relative Häufigkeit

Brüche-Würfelspiel: Du würfelst mit einem Spielwürfel zweimal und bildest aus den beiden Augenanzahlen einen Bruch: Die Augenanzahl des ersten Wurfs bildet den Zähler, die des zweiten Wurfs den Nenner. Gib die möglichen Brüche an, die bei diesem Würfelspiel entstehen können, und ordne sie in die passenden Spalten der Tabelle 1 ein. Trage dann in Tabelle 2 die jeweiligen Gesamtanzahlen und die relativen Häufigkeiten der Arten von Brüchen ein.

Tabelle 1

Zähler	Echter Bruch	Unechter Bruch
1	$\frac{1}{2}$;	$\frac{1}{1}$
2		
3		
4		
5		
6		

Tabelle 2

	Echte Brüche	Unechte Brüche
Gesamt-anzahl		
Relative Häufigkeit		

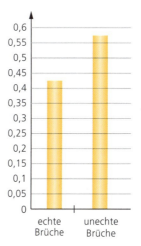

Vergleiche die Ergebnisse, die du in die Tabelle 2 eingetragen hast, mit den beiden Säulendiagrammen und erkläre die Diagramme: Im ersten Diagramm sind die _____ Häufigkeiten, im zweiten Diagramm die _____ Häufigkeiten dargestellt.

Mithilfe der Tabelle 1 kannst du leicht die folgenden absoluten und relativen Häufigkeiten angeben:

	Absolute Häufigkeit	Relative Häufigkeit
Stammbrüche		
Brüche, bei denen sowohl der Zähler wie auch der Nenner eine Primzahl ist		
Brüche, die in Grundform sind		

Absolute und relative Häufigkeit

Das **„Schere-Stein-Papier-Spiel"** ist ein Spiel für zwei Personen. Bei diesem Spiel zählen beide Personen bis drei. Auf „drei" zeigt jede der beiden Personen mit ihrer rechten oder ihrer linken Hand ein beliebiges der drei Symbole „Schere", „Stein" bzw. „Papier". Das Spielergebnis kann man dann der Tabelle entnehmen:

Spieler(in) 2 zeigt \ Spieler(in) 1 zeigt	„Schere"	„Stein"	„Papier"
„Schere"	unentschieden	„Stein" gewinnt, denn der Stein macht die Schere stumpf	„Schere" gewinnt, denn die Schere schneidet das Papier
„Stein"	„Stein" gewinnt, denn der Stein macht die Schere stumpf	unentschieden	„Papier" gewinnt, denn das Papier umwickelt den Stein
„Papier"	„Schere" gewinnt, denn die Schere schneidet das Papier	„Papier" gewinnt, denn das Papier umwickelt den Stein	unentschieden

Spiele das **„Schere-Stein-Papier-Spiel"** mit deinem Nachbarn oder deiner Nachbarin zwanzigmal. Tragt eure Namen und die zwanzig Spielergebnisse in die Strichliste ein.

Spieler(in)	(Name)			(Name)		
Ergebnis	„Schere gewinnt"	„Stein gewinnt"	„Papier gewinnt"	„Schere gewinnt"	„Stein gewinnt"	„Papier gewinnt"
Gewonnen						
Unentschieden						

Wie oft war insgesamt das Ergebnis „Schere gewinnt"? Anzahl: _____

Relative Häufigkeit von „Schere gewinnt": $\frac{}{20} = \frac{}{100} =$ _____ %.

Wie oft war insgesamt das Ergebnis „Stein gewinnt"? Anzahl: _____

Relative Häufigkeit von „Stein gewinnt": _____

Wie oft war insgesamt das Ergebnis „Papier gewinnt"? Anzahl: _____

Relative Häufigkeit von „Papier gewinnt": _____

Wie oft war insgesamt das Ergebnis „Unentschieden"? Anzahl: _____

Relative Häufigkeit von „Unentschieden": _____

Stellt die vier relativen Häufigkeiten in einem Säulendiagramm dar:

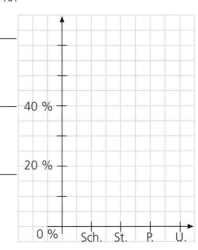

Arithmetisches Mittel

1. Mary hat Laura eine Aufgabe aus ihrem letzten "Maths Test" geschickt:
The audience figures for a theatre over a period of eight weeks are shown below:

Week 1	840
Week 2	850
Week 3	860
Week 4	865

Week 5	870
Week 6	870
Week 7	880
Week 8	885

The average of these audience figures is _____ .
The person in charge of the box-office wants to show that the audiences are increasing steeply because she wants some extra staff. The theatre manager does not want to pay any more staff, and so he wants to show that the audiences are staying at about the same level.

a) Draw a graph with the number of people going up from 0 to 900. Use 5 mm for 100 people. Mark the weeks going across with 1 cm for 1 week.

b) Draw another graph with the number of people going up from 830. Use 1 cm for 10 people. Use the same scale as before going across.

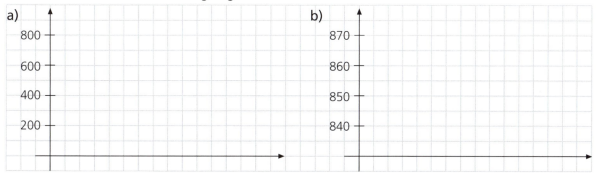

c) State which person would use which graph:

_____

2. Vor der Entscheidung über ihre Einstellung mussten die Bewerber und Bewerberinnen für einen Ausbildungsplatz an einem Test teilehmen, bei dem man maximal 10 Punkte erreichen konnte. Die Tabelle zeigt die erzielten Punkteanzahlen; ergänze die Tabelle.

Punkte	0	1	2	3	4	5	6	7	8	9	10
erreichten …Mädchen	0	0	0	4	8	10	7	1	6	2	2
erreichten … Jungen	0	0	1	6	9	10	6	3	1	3	1
erreichten … Personen											

a) Welche durchschnittliche Punkteanzahl (auf Zehntel Punkte gerundet) erreichten die Mädchen, welche die Jungen, welche die Prüflinge insgesamt?

_____

_____

b) Welcher Bruchteil der Mädchen erzielte höchstens 7 Punkte? _____

c) Welcher Bruchteil der Jungen erzielte mindestens 8 Punkte? _____

Fragebogen zum Thema Taschengeld

Führe mithilfe dieses Fragebogens eine Umfrage bei den Schülerinnen und Schülern deiner Klasse durch und werte dann die Fragebögen aus.

Klasse: _____ Alter: _____ ☐ Junge ☐ Mädchen

- ☐ Ich bekomme mein Taschengeld monatlich, und zwar

  ☐ höchstens 5 €   ☐ mehr als 15 €, aber höchstens 20 €
  ☐ mehr als 5 €, aber höchstens 10 €   ☐ mehr als 20 €, aber höchstens 25 €
  ☐ mehr als 10 €, aber höchstens 15 € ☐ mehr als 25 €

- ☐ Ich bekomme mein Taschengeld wöchentlich, und zwar _____ €; dies ergibt im Monat _____ €.

- Mein erstes Taschengeld erhielt ich mit _____ Jahren.

- Ich bin mit der Höhe meines Taschengelds ☐ zufrieden ☐ unzufrieden

---

Auswertung

- An der Umfrage haben sich insgesamt _____ Schüler und Schülerinnen beteiligt, und zwar _____ Jungen und _____ Mädchen.

  Ihr Taschengeld erhalten _____ dieser Schüler/Schülerinnen monatlich, _____ wöchentlich.

Taschengeld pro Monat:

Höhe des Taschengelds	höchstens 5 €	mehr als 5 €, aber höchstens 10 €	mehr als 10 €, aber höchstens 15 €	mehr als 15 €, aber höchstens 20 €	mehr als 20 €, aber höchstens 25 €	mehr als 25 €
Jungen						
Mädchen						
Gesamt						
Zufriedenheit	Zufrieden / Unzufrieden	Zufrieden / Unzufrieden	Zufrieden / Unzufrieden	Zufrieden / Unzufrieden	Zufrieden / Unzufrieden	Zufrieden / Unzufrieden
Anzahl						

- Durchschnittsalter beim ersten Taschengeld: _____ Jahre (Jungen)/_____ Jahre (Mädchen)
- Erstelle ein Poster zum Thema „Höhe des Taschengelds".
- Erstelle ein Poster zum Thema „Zufriedenheit mit dem Taschengeld".

Mittelwerte und Spannweite

1. Lucas sagt: „An manchen Tagen sehe ich gar nicht fern, an anderen Tagen bis zu fünf Stunden."
Welche Kenngröße hat er damit angegeben?

_____

2. Gib den Unterschied zwischen der größten und der kleinsten vierstelligen natürlichen Zahl
an, die man mit den abgebildeten Ziffernkärtchen legen kann.

_____

3. Gib an, wie sich arithmetisches Mittel, Zentralwert und Spannweite ändern, wenn du in der Liste der
Bewertungspunkte 8,5; 19,1; 9,9; 8,0 und 4,5 die beiden „Ausreißer" streichst.

_____

_____

_____

_____

4. Bestimme jeweils das arithmetische Mittel, den Zentralwert (Median), den Modalwert (häufigsten Wert)
und die Spannweite. Führe die Rechnungen auf einem Extrablatt durch.

a) 32 kg; 22 kg; 27 kg; 24 kg; 25 kg; 34 kg; 44 kg; 22 kg und 22 kg

b) 7 °C; 0 °C; 11 °C; 9 °C; 7 °C; 21 °C; 0 °C; 11 °C; 24 °C; 9 °C und 11 °C

c) $\frac{1}{2}$; $\frac{1}{3}$; $\frac{1}{6}$; $\frac{1}{4}$ und $\frac{1}{2}$

5. Vier Gruppen zu je 5 Schülern/Schülerinnen erhalten die Aufgabe,
geeignete Strecken und Winkel zu messen und dann die Höhe eines
Hauses zu ermitteln.

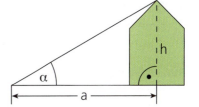

Gruppe	Höhe des Hauses in m				
Achmed, Bea, Claudia, Doris, Eva	12,2	11,9	12,0	12,0	12,5
Franz, Gregor, Hilde, Isabel, Jurek	12,1	11,5	12,0	12,4	12,2
Karla, Laura, Marie, Natalie, Oliver	12,4	11,9	11,8	12,0	12,1
Pia, Rena, Sophie, Tina, Zoe	12,0	11,9	12,0	12,1	11,9

Berechne in deinem Heft geeignete statistische Kenngrößen und entscheide, welche Gruppe am
genauesten gearbeitet hat, wenn die tatsächliche Höhe des Hauses 12,0 m beträgt.

_____

_____

_____

Irrgarten – Wahrscheinlichkeitsrechnung

Beginne diesen Irrgarten beim **EINGANG** und bearbeite die Aufgabe 1. Wenn ihre Aussage **wahr** ist, dann gehe auf dem **quer gestreiften** Pfeil vom EINGANG bis zum nächsten Feld weiter und schreibe in dieses Feld die Zahl 1; ist sie dagegen **falsch**, dann gehe vom EINGANG auf dem **Zickzack-Pfeil** bis zum nächsten Feld weiter und schreibe die Zahl 1 in dieses Feld. Bearbeite jetzt die Aufgabe 2. Wenn du den Irrgarten richtig durchlaufen hast, kommst du nach der 14. Aussage zum Feld **AUSGANG**.

1. Wenn in einer Lostrommel 400 Nieten und 100 Treffer sind, dann ist die Wahrscheinlichkeit, beim einmaligen Ziehen eines Loses einen Treffer zu erzielen, 20%.

2. Die Wahrscheinlichkeit, dass die rote Figur beim nächsten Wurf die gelbe schlägt, ist $\frac{1}{6}$.

3. Die Wahrscheinlichkeit, dass die rote Figur beim nächsten Wurf weder die gelbe Figur schlägt noch „ins Haus kommt", ist 75%.

4. Die Wahrscheinlichkeit, dass zwei Personen, die einander zufällig treffen, am gleichen Tag Geburtstag haben, ist etwa 0,3%.

5. Die Zahl 144 kann man auf acht verschiedene Arten als Produkt zweier natürlicher Zahlen schreiben, wenn der zweite Faktor höchstens so groß wie der erste sein soll.

6. Mit einem Spielwürfel bei 100 Würfen keine 6 zu werfen, ist kein unmögliches Ereignis.

7. Lucas wirft einen Spielwürfel zweimal; es ist sicher, dass der Summenwert der beiden geworfenen Augenanzahlen höchstens 12 ist.

8. Die Wahrscheinlichkeit, dass der Zeiger dieses (idealen) Glücksrads beim einmaligen Drehen auf einer Primzahl stehen bleibt, ist 30%.

9. Die Wahrscheinlichkeit, dass der Zeiger dieses (idealen) Glücksrads beim einmaligen Drehen auf einem Zweierpotenzwert stehen bleibt, ist 40%. [Zweierpotenzwerte sind $(2^0 =)$ 1, $(2^1 =)$ 2, $(2^2 =)$ 4, ...]

10. Die Menge A = {ZZ; ZW; WZ} beschreibt das Ereignis, bei zweimaligem Münzenwurf mindestens einmal „Zahl" zu werfen.

11. Ein (ideales) Glücksrad wird in 36 gleich große Sektoren eingeteilt, die mit den natürlichen Zahlen von 1 bis 36 beschriftet sind. Die Wahrscheinlichkeit, dass der Zeiger bei einmaligem Drehen auf einer durch 4 teilbaren Zahl stehen bleibt, ist 40%.

12. Bei einer „Fünferwette" tippt man den Ausgang von 5 Zufallsexperimenten; jedes der Zufallsexperimente hat genau drei verschiedene Ergebnisse. Die Anzahl aller Möglichkeiten ist 243.

13. Bei einer „Fünferwette" tippt man den Ausgang von 5 Zufallsexperimenten; jedes der Zufallsexperimente hat genau drei verschiedene Ergebnisse, die alle gleich wahrscheinlich sind. Die Wahrscheinlichkeit, alle fünf Ergebnisse richtig zu tippen, ist etwa 0,4%.

14. Eine L-Münze wird zweimal geworfen. Die Wahrscheinlichkeit des Ereignisses A: „‚Zahl' wird zweimal geworfen" ist ebenso groß wie die des Ereignisses B: „‚Wappen' und ‚Zahl' werden je einmal geworfen".

Irrgarten – Wahrscheinlichkeitsrechnung 49

Wahrscheinlichkeitsrechnung

1. Ein Würfel mit einem der folgenden Netze wird einmal geworfen.

   a) 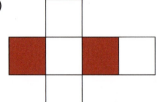 b) 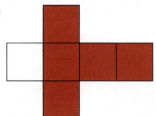 c)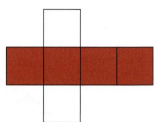

   Gib jeweils an, wie groß die Wahrscheinlichkeit für das Werfen von „rot" ist.

   a) P(„rot") = _____ b) P(„rot") = _____ c) P(„rot") = _____

2. Entwirf ein Glücksrad mit weißen und roten Feldern, sodass der Zeiger mit der Wahrscheinlichkeit
   a) $\frac{1}{2}$ b) $\frac{2}{3}$ c) 0   d) 1   e) $\frac{5}{6}$ f) 75%

   nach einmaligem Drehen auf eine rote Fläche weist.

   a)  b)  c)

   d)  e)  f)

3. Beim Schulfest verkaufen Laura und Lucas Lose; in ihrer Lostrommel sind 200 Lose, von denen jedes vierte ein Gewinnlos ist. Finde heraus, welche der folgenden fünf Aussagen wahr, welche falsch und welche nicht entscheidbar ist/sind.

   a) Die Lostrommel enthält dreimal so viele Nieten wie Gewinne.
   b) Wenn Gregor vier Lose kauft, erzielt er mindestens einen Gewinn.
   c) Die Wahrscheinlichkeit für einen Gewinn ist zu Anfang 25%.
   d) Je mehr Lose bereits verkauft sind, umso wahrscheinlicher ist es, einen Gewinn zu erzielen.
   e) Unter den 100 Losen, die Gregors Vater als erster Loskäufer ersteht und an die Kinder von Gregors Klasse verteilt, sind mit Sicherheit genau 25 Gewinne.

   Wahr ist die Aussage / sind die Aussagen _____

   Falsch ist die Aussage / sind die Aussagen _____

   Nicht entscheidbar ist dies bei der Aussage / den Aussagen _____

Die Anordnung der ganzen Zahlen

1. Setze jeweils eines der drei Zeichen <, > bzw. =, sodass eine wahre Aussage entsteht.

10 ▢ –40	–300 ▢ –50	8 ▢ 0	–130 ▢ 0	–101 ▢ –100	100 ▢ 101	7 ▢ –10
11 ▢ 0	–110 ▢ 0	3 ▢ –10	0 ▢ –18	–99 ▢ –98	4 ▢ –2	0 ▢ 11

2. Setze jeweils eines der drei Zeichen <, > bzw. =, sodass eine wahre Aussage entsteht.

12 ▢ Betrag der Zahl (–12)	–3 ▢ Gegenzahl der Zahl 3	–5 ▢ Gegenzahl der Zahl (–2)
8 ▢ Betrag der Zahl 9	0 ▢ Gegenzahl der Zahl (–1)	–1 ▢ Gegenzahl der Zahl (–2)
0 ▢ Betrag der Zahl (–10)	104 ▢ Betrag der Zahl 104	0 ▢ Gegenzahl der Zahl 2

3. Beschrifte zunächst die Zahlengerade und trage dann jeweils den Bildpunkt der gesuchten Zahl mit Farbe ein.

a) Der Bildpunkt der gesuchten geraden Zahl liegt rechts vom Bildpunkt der Zahl –5 und links vom Bildpunkt der Zahl –2.

b) Der Bildpunkt der gesuchten Zahl liegt genau in der Mitte zwischen den Bildpunkten der beiden Zahlen –4 und 6.

c) Die gesuchte Zahl ist um 3 kleiner als 0.

d) Die gesuchte Zahl ist um 2 größer als –4.

4. Beschrifte jeweils den Abschnitt der Zahlengeraden fertig.

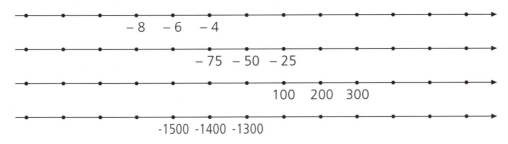

5. Ordne die acht Zahlen 3; –4; 1; 0; –10; 11; –100; –5 in Form einer steigenden Ungleichungskette.

_____

6. Ordne die Beträge der acht Zahlen –8; –44; 11; 0; –100; 101; –1 000; 505 in Form einer fallenden Ungleichungskette.

_____

7. Berechne den Wert des Terms 0 – 1 + 2 – 3 + 4 – 5 + ... + 1 998 – 1 999 + 2 000 möglichst günstig.

0 – 1 + 2 – 3 + 4 – 5 + ... + 1 998 – 1 999 + 2 000 = _____

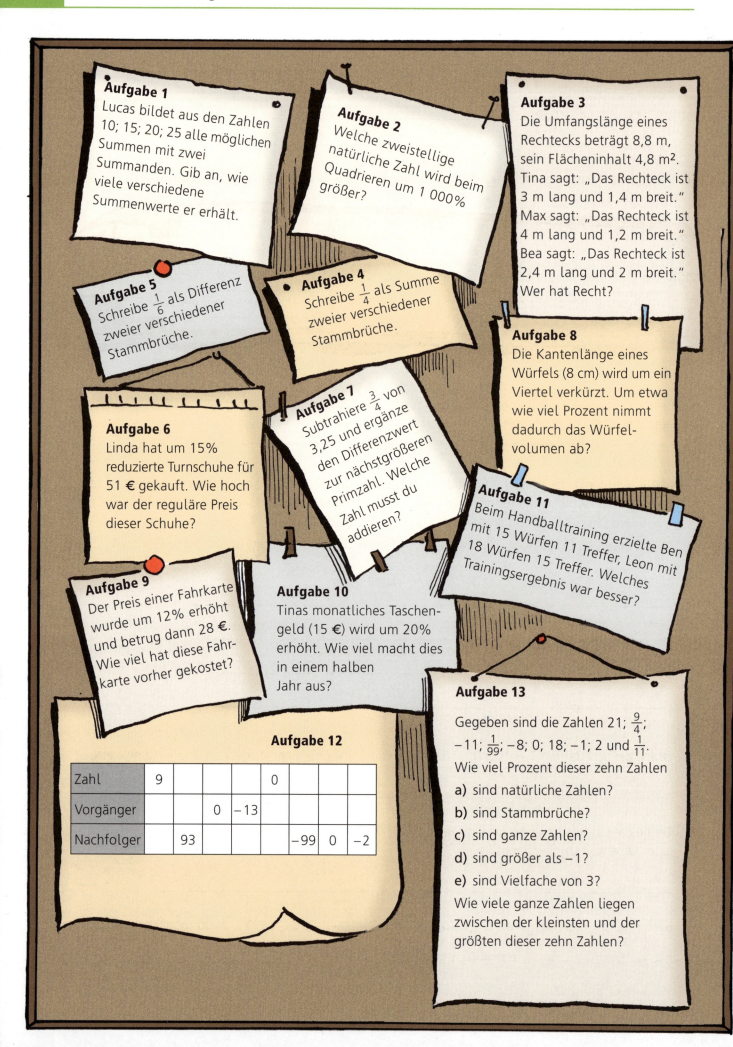

Schätz • Eisentraut

MATHEMATIK
für Gymnasien

Hessen

Arbeitsheft
LÖSUNGEN

C.C. BUCHNER

Seite 1

¹9	²6	³1		⁴3	⁵1	⁶2	⁷1
⁸9	0		⁹6	6	¹⁰6		¹¹3	7
¹²9		¹³9	8	7	6	¹⁴5		2
	¹⁵2	9				¹⁶4	¹⁷8
¹⁸5	5	1				¹⁹1	7	²⁰9
		²¹9	9			²²6	9
²³2		²⁴9	²⁵6	²⁶1	²⁷3	2		²⁸3
²⁹5	³⁰2		³¹5	1	2		³²8	1
³³6	8	1		1		³⁴1	2	5

Seite 2

1.

Figur	I	II	III	IV	V	VI
Bruchteil	$\frac{2}{4}=\frac{1}{2}$	$\frac{4}{8}=\frac{1}{2}$	$\frac{5}{8}$	$\frac{4}{9}$	$\frac{10}{36}=\frac{5}{18}$	$\frac{16}{49}$
achsensymmetrisch?	ja	ja	ja	ja	ja	nein
Anzahl der Symmetrieachsen	2	1	1	1	1	0

2. a) $\frac{1}{2}$ b) $\frac{1}{3}$ c) $\frac{1}{4}$ d) $\frac{3}{4}$ e) $\frac{5}{6}$ f) $\frac{7}{12}$

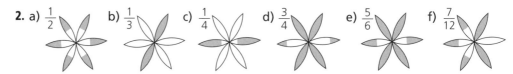

3.

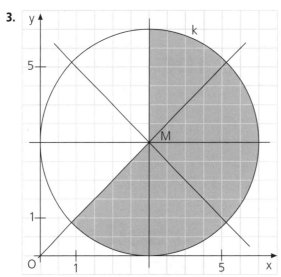

4. a) Bruchteil: $\frac{1}{3}$ b) Bruchteil: $\frac{2}{6}$ c) Bruchteil: $\frac{13}{30}$ d) Bruchteil: $\frac{3}{10}$

Seite 3

5.

Figur bzw. Körper	a)	b)	c)	d)
farbig markierter Bruchteil	$\frac{4}{5}$	$\frac{5}{10}=\frac{1}{2}$	$\frac{4}{18}=\frac{2}{9}$	$\frac{7}{12}$
zu einem Ganzen fehlt (fehlen)	$\frac{1}{5}$	$\frac{5}{10}=\frac{1}{2}$	$\frac{14}{18}=\frac{7}{9}$	$\frac{5}{12}$

6.

Farbe		rot	gelb	blau	violett
a)	Bruchteil	≈ $\frac{1}{2}$	≈ $\frac{1}{12}$	≈ $\frac{1}{6}$	≈ $\frac{1}{4}$
	Größe des Mittelpunktswinkels	α ≈ 180°	β ≈ 30°	γ ≈ 60°	δ ≈ 90°
b)	Bruchteil	≈ $\frac{5}{12}$	≈ $\frac{3}{8}$	≈ $\frac{1}{8}$	≈ $\frac{1}{12}$
	Größe des Mittelpunktswinkels	μ ≈ 150°	ρ ≈ 135°	φ ≈ 45°	ω ≈ 30°

7. a) $1 = \frac{8}{8} = \frac{4}{4} = \frac{2}{2}$ b) $3 = \frac{3}{1} = \frac{6}{2} = \frac{27}{9}$ c) $4 = \frac{12}{3} = \frac{28}{7} = \frac{84}{21}$

---

8. Stammbrüche: $\frac{1}{2}$; $\frac{1}{100}$; $\frac{1}{23}$

Echte Brüche, die keine Stammbrüche sind: $\frac{4}{7}$; $\frac{7}{9}$; $\frac{2}{3}$; $\frac{3}{9}$; $\frac{29}{1000}$

Unechte Brüche, deren Wert eine natürliche Zahl ist: $\frac{15}{3}$; $\frac{22}{11}$; $\frac{2}{1}$; $\frac{111}{37}$; $\frac{9}{3}$; $\frac{56}{8}$

Unechte Brüche, deren Wert keine natürliche Zahl ist: $\frac{29}{4}$; $\frac{38}{18}$; $\frac{25}{15}$

9.

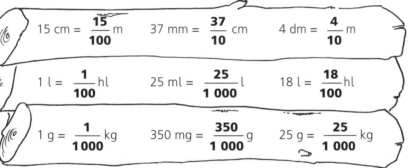

15 cm = $\frac{15}{100}$ m   37 mm = $\frac{37}{10}$ cm   4 dm = $\frac{4}{10}$ m

1 l = $\frac{1}{100}$ hl   25 ml = $\frac{25}{1000}$ l   18 l = $\frac{18}{100}$ hl

1 g = $\frac{1}{1000}$ kg   350 mg = $\frac{350}{1000}$ g   25 g = $\frac{25}{1000}$ kg

10.

$\frac{3}{4}$ a = 9 Monate $\frac{2}{3}$ d = 16 h $\frac{3}{4}$ h = 45 min $\frac{1}{12}$ min = 5 s

$\frac{1}{10}$ m² = 10 dm² $\frac{3}{4}$ a = 75 m² $\frac{3}{20}$ ha = 15 a $\frac{1}{8}$ km² = 125 000 m²

$\frac{1}{5}$ h = 12 min $\frac{9}{10}$ m = 90 cm $\frac{4}{5}$ kg = 800 g $\frac{7}{100}$ a = 7 m²

1	2	3	4	5	6
3	3	2		1	4	1
7 4	6		8 4	9 9	6
10 3		11 2	5	12 6		4
	13 6	9		14 6	15 7	
16 5		17 7	18 1	6		19 1
20 4	8		21 6		22 2	3
23 5	8	5		24 6	9	5

Seite 6

1. E: Du hast erweitert K: Du hast gekürzt

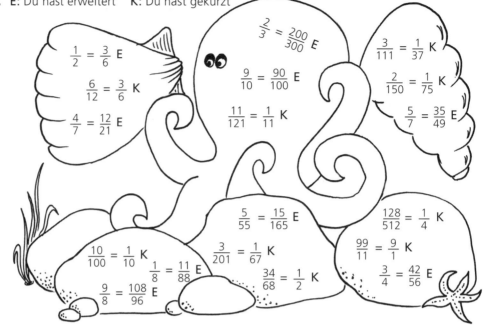

$\frac{1}{2} = \frac{3}{6}$ E

$\frac{6}{12} = \frac{3}{6}$ K

$\frac{4}{7} = \frac{12}{21}$ E

$\frac{2}{3} = \frac{200}{300}$ E

$\frac{9}{10} = \frac{90}{100}$ E

$\frac{11}{121} = \frac{1}{11}$ K

$\frac{3}{111} = \frac{1}{37}$ K

$\frac{2}{150} = \frac{1}{75}$ K

$\frac{5}{7} = \frac{35}{49}$ E

$\frac{5}{55} = \frac{15}{165}$ E

$\frac{10}{100} = \frac{1}{10}$ K

$\frac{1}{8} = \frac{11}{88}$ E

$\frac{9}{8} = \frac{108}{96}$ E

$\frac{3}{201} = \frac{1}{67}$ K

$\frac{34}{68} = \frac{1}{2}$ K

$\frac{128}{512} = \frac{1}{4}$ K

$\frac{99}{11} = \frac{9}{1}$ K

$\frac{3}{4} = \frac{42}{56}$ E

2. a) $\frac{1}{2} = \frac{3}{6}$

b) $\frac{1}{3} = \frac{2}{6}$

c) $\frac{1}{2} = \frac{4}{8}$

d) Es wurde mit 5 erweitert: $\frac{1}{3} = \frac{5}{15}$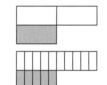

3. a) $\frac{4}{10} = \frac{2}{5}$

b) $\frac{4}{8} = \frac{1}{2}$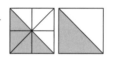

c) $\frac{3}{6} = \frac{1}{2}$

Seite 7

1.

Bruchteil in %	25%	49%	24%	40%
auf 100% fehlen	75%	51%	76%	60%

2. a) 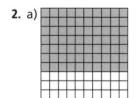 b) 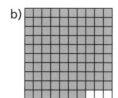 c) d)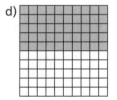

3.

Gutschrift
beim 1. Einkauf: 0,60 €
beim 2. Einkauf: 0,51 €
beim 3. Einkauf: 0,49 €
beim 4. Einkauf: 0,38 €

Gesamt: 1,98 €

Seite 8

1.

Zahl in Bruchschreibweise	Z	E	,	z	h	t	zt	Dezimalzahl
$\frac{2567}{1000}$		2	,	5	6	7		2,567
$\frac{75}{100}$		0	,	7	5			0,75
$\frac{19}{1000}$		0	,	0	1	9		0,019
$\frac{12092}{1000}$	1	2	,	0	9	2		12,092
$\frac{90909}{10000}$		9	,	0	9	0	9	9,0909
$\frac{405}{1000}$		0	,	4	0	5		0,405

2.

0,35 < 0,40

1,50 > 1,05

2,007 < 2,700

0,209 < 0,290

$\frac{27}{1000}$ > 0,020

0,7 = $\frac{7}{10}$

2,4000 > 2,0400

13,700 > 13,699

0,003 < 0,300

3.

0,07 = $\frac{7}{100}$

0,70 = 0,7 = $\frac{7}{10}$

0,150 = 0,15 = $\frac{15}{100}$ = $\frac{3}{20}$

0,0180 = 0,018 = $\frac{18}{1000}$ = $\frac{9}{500}$

0,2002 = $\frac{2002}{10000}$ = $\frac{1001}{5000}$

0,0200 = 0,02 = $\frac{2}{100}$ = $\frac{1}{50}$

0,1000 = 0,1 = $\frac{1}{10}$

0,0001 = $\frac{1}{10000}$

0,00100 = 0,001 = $\frac{1}{1000}$

4.

$\frac{3}{5} = \frac{60}{100} = 60\%$

$\frac{1}{2} = \frac{50}{100} = 50\%$

$\frac{9}{25} = \frac{36}{100} = 36\%$

$\frac{29}{50} = \frac{58}{100} = 58\%$

$\frac{1}{10} = \frac{10}{100} = 10\%$

$\frac{9}{12} = \frac{3}{4} = \frac{75}{100} = 75\%$

$\frac{4}{5} = \frac{80}{100} = 80\%$

$\frac{1}{25} = \frac{4}{100} = 4\%$

$\frac{11}{20} = \frac{55}{100} = 55\%$

Seite 9

1. Botschaft: PARTYBEGINN 7 UHR

2. a)  Länge der Strecke: 1,7 cm

b)  Länge der Strecke: 0,21 m

c) 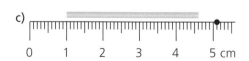 Länge der Strecke: 3,6 cm

3.

	A	B	C
a)	0,3	0,6	0,8
b)	0,02	0,05	0,08
c)	0,008	0,016	0,032
d)	2,15	2,25	2,3
e)	6,025	6,05	6,0625
f)	4,22	4,23	4,27

4.

Orangen		Äpfel		Bananen	
2,10 kg	2,08 €	1,225 kg	3,49 €	1,065 kg	3,09 €
2,35 kg	2,33 €	1,565 kg	4,46 €	1,195 kg	3,47 €
2,90 kg	2,87 €	1,590 kg	4,53 €	1,875 kg	5,44 €
3,05 kg	3,02 €	2,345 kg	6,68 €	2,055 kg	5,96 €

Seite 10

1.

Bruch	$\frac{4}{5}$	$\frac{1}{2}$	$\frac{4}{4}$	$\frac{9}{25}$	$\frac{13}{250}$	$\frac{3}{4}$	$\frac{7}{20}$	$\frac{7}{500}$
als „Zehnerbruch"	$\frac{8}{10}$	$\frac{5}{10}$	$\frac{1}{1}$	$\frac{36}{100}$	$\frac{52}{1000}$	$\frac{75}{100}$	$\frac{35}{100}$	$\frac{14}{1000}$
in Dezimalschreibweise	0,8	0,5	1	0,36	0,052	0,75	0,35	0,014
in Prozentschreibweise	80%	50%	100%	36%	5,2%	75%	35%	1,4%

2.

L	A	U	R	A		D	R	E	W		M	A	R	Y
0,25	0,4	0,8	0,5	0,4		0,2	0,5	0,2	0,4		0,8	0,4	0,5	0,5

A		P	I	C	T	U	R	E
0,4		0,75	0,3	0,5	0,7	0,8	0,5	0,2

Lösungssatz auf Deutsch: Laura hat Mary ein Bild gezeichnet.

3.

$\frac{1}{2}$	$\frac{25}{25}$	30%	$\frac{3}{4}$	$\frac{6}{20}$	75%	50%	100%
a)	d)	c)	b)	c)	b)	a)	d)

4. $\frac{1}{4}$ kg Reis = 250 g Reis; $\frac{3}{4}$ l Milch; $\frac{1}{2}$ Teelöffel Salz

$\frac{2}{5}$ kg Butter = 400 g Butter; $\frac{3}{5}$ kg Zucker = 600 g Zucker;

$\frac{1}{4}$ kg Kirschen = 250 g Kirschen; 3 Eier

Seite 11

1.
3,458 ≈ 3   3,458 ≈ 3,5   3,458 ≈ 3,46
234,801 ≈ 235   120,009 ≈ 120,0   0,999 ≈ 1,00
0,0999 ≈ 0   330,0999 ≈ 330,1   0,0999 ≈ 0,10

2.

Zahl	16,25	365,99	145,1	404,44	626,25	22,5	108,2	0,9999
Quadratzahl	16	361	144	400	625	25	100	1
Primzahl	17	367	149	401	631	23	109	2

3.

	Milchschokolade	Zartbitterschokolade	Wiener Würstchen	Pistazienkerne
geschätzter Mittelpunktswinkel	120°	160°	90°	205°
Vermuteter Fettgehalt in %	≈ 35%	≈ 45%	≈ 25%	≈ 55%

4.

7,8219 ≈ 7,8   7,8219 ≈ 7,82   7,8219 ≈ 7,822
56,8927 ≈ 56,9   56,8927 ≈ 56,89   56,8927 ≈ 56,893
99,9999 ≈ 100,0   99,9999 ≈ 100,00   99,9999 ≈ 100,000

23,45 € ≈ 23 €   143,66 km ≈ 144 km   45,678 a ≈ 4 568 m²
198,76 € ≈ 199 €   777,76 km ≈ 778 km   777,762 a ≈ 777,76 a
67,85 € ≈ 68 €   194,23 km ≈ 194 km   = 77 776 m²
                                          194,23 dm² ≈ 2 m²

45,678 hl ≈ 45,68 hl   6 h 49 min ≈ 7 h
 = 4 568 l   750 min ≈ 13 h   2 993 g ≈ 3 kg
7 342 ml ≈ 7 l   1 d 6 h 31 min ≈ 31 h   299,93 g ≈ 0 kg
37,877 l ≈ 38 l   12,1011 t ≈ 12 101 kg

Seite 12

1. a) $\frac{1}{6} + \frac{1}{3} = \frac{3}{6} = \frac{1}{2}$ b) $\frac{7}{10} - \frac{1}{5} = \frac{5}{10} = \frac{1}{2}$ c) $1 - \frac{1}{5} - \frac{1}{10} = \frac{7}{10}$

d) $\frac{1}{2} + \frac{1}{12} = \frac{7}{12}$ e) $1 - \frac{4}{9} = \frac{5}{9}$ f) $1\frac{1}{2} - \frac{3}{4} = \frac{3}{4}$

2.

+	$\frac{1}{30}$	$\frac{7}{30}$	$\frac{11}{30}$	$\frac{17}{30}$	$\frac{23}{30}$
$\frac{1}{30}$	$\frac{2}{30} = \frac{1}{15}$	$\frac{8}{30} = \frac{4}{15}$	$\frac{12}{30} = \frac{2}{5}$	$\frac{18}{30} = \frac{3}{5}$	$\frac{24}{30} = \frac{4}{5}$
$\frac{7}{30}$	$\frac{8}{30} = \frac{4}{15}$	$\frac{14}{30} = \frac{7}{15}$	$\frac{18}{30} = \frac{3}{5}$	$\frac{24}{30} = \frac{4}{5}$	$\frac{30}{30} = 1$
$\frac{11}{30}$	$\frac{12}{30} = \frac{2}{5}$	$\frac{18}{30} = \frac{3}{5}$	$\frac{22}{30} = \frac{11}{15}$	$\frac{28}{30} = \frac{14}{15}$	$\frac{34}{30} = \frac{17}{15} = 1\frac{2}{15}$
$\frac{23}{30}$	$\frac{24}{30} = \frac{4}{5}$	$\frac{30}{30} = 1$	$\frac{34}{30} = \frac{17}{15} = 1\frac{2}{15}$	$\frac{40}{30} = \frac{4}{3} = 1\frac{1}{3}$	$\frac{46}{30} = \frac{23}{15} = 1\frac{8}{15}$
$2\frac{13}{30}$	$2\frac{14}{30} = 2\frac{7}{15}$	$2\frac{20}{30} = 2\frac{2}{3}$	$2\frac{24}{30} = 2\frac{4}{5}$	$2\frac{30}{30} = 3$	$2\frac{36}{30} = 3\frac{1}{5}$

3.

Minuend \ Subtrahend	$\frac{1}{30}$	$\frac{7}{30}$	$\frac{11}{30}$	$\frac{17}{30}$	$\frac{23}{30}$
$\frac{23}{30}$	$\frac{22}{30} = \frac{11}{15}$	$\frac{16}{30} = \frac{8}{15}$	$\frac{12}{30} = \frac{2}{5}$	$\frac{6}{30} = \frac{1}{5}$	0
1	$\frac{29}{30}$	$\frac{23}{30}$	$\frac{19}{30}$	$\frac{13}{30}$	$\frac{7}{30}$
$1\frac{1}{30}$	1	$\frac{24}{30} = \frac{4}{5}$	$\frac{20}{30} = \frac{2}{3}$	$\frac{14}{30} = \frac{7}{15}$	$\frac{8}{30} = \frac{4}{15}$
$2\frac{11}{30}$	$2\frac{10}{30} = 2\frac{1}{3}$	$2\frac{4}{30} = 2\frac{2}{15}$	2	$1\frac{24}{30} = 1\frac{4}{5}$	$1\frac{18}{30} = 1\frac{3}{5}$
7	$6\frac{29}{30}$	$6\frac{23}{30}$	$6\frac{19}{30}$	$6\frac{13}{30}$	$6\frac{7}{30}$

Seite 13

4. a) $\frac{1}{2}$ b) $\frac{3}{4}$ c) 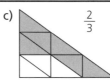 $\frac{2}{3}$ d) $\frac{1}{5}$ e) $\frac{1}{4}$

5.
a) $1\frac{1}{5} + 5\frac{3}{5} = 6\frac{4}{5}$

b) $8\frac{1}{5} + 17\frac{1}{15} = 8\frac{3}{15} + 17\frac{1}{15} = 25\frac{4}{15}$

c) $5\frac{7}{12} - 3\frac{1}{6} = \frac{67}{12} - \frac{38}{12} = \frac{29}{12} = 2\frac{5}{12}$

d) $7\frac{1}{10} - 1\frac{1}{5} = \frac{71}{10} - \frac{12}{10} = \frac{59}{10} = 5\frac{9}{10}$

6.

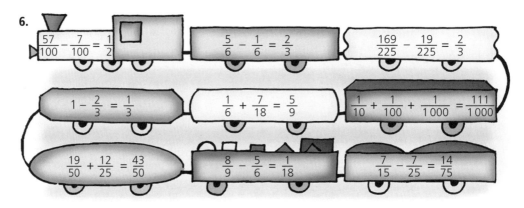

$\frac{57}{100} - \frac{7}{100} = \frac{1}{2}$; $\frac{5}{6} - \frac{1}{6} = \frac{2}{3}$; $\frac{169}{225} - \frac{19}{225} = \frac{2}{3}$; $1 - \frac{2}{3} = \frac{1}{3}$; $\frac{1}{6} + \frac{7}{18} = \frac{5}{9}$; $\frac{1}{10} + \frac{1}{100} + \frac{1}{1000} = \frac{111}{1000}$; $\frac{19}{50} + \frac{12}{25} = \frac{43}{50}$; $\frac{8}{9} - \frac{5}{6} = \frac{1}{18}$; $\frac{7}{15} - \frac{7}{25} = \frac{14}{75}$

7.

+	$\frac{1}{6}$	$\frac{5}{6}$	$\frac{2}{15}$	$\frac{11}{60}$
$\frac{1}{2}$	$\frac{2}{3}$	$\frac{8}{6} = \frac{4}{3} = 1\frac{1}{3}$	$\frac{19}{30}$	$\frac{41}{60}$
$\frac{3}{5}$	$\frac{23}{30}$	$\frac{43}{30} = 1\frac{13}{30}$	$\frac{11}{15}$	$\frac{47}{60}$
$\frac{7}{15}$	$\frac{19}{30}$	$\frac{39}{30} = \frac{13}{10} = 1\frac{3}{10}$	$\frac{9}{15} = \frac{3}{5}$	$\frac{39}{60} = \frac{13}{20}$
$\frac{5}{6}$	$\frac{6}{6} = 1$	$\frac{10}{6} = \frac{5}{3} = 1\frac{2}{3}$	$\frac{29}{30}$	$\frac{61}{60} = 1\frac{1}{60}$

8.

Subtrahend / Minuend	$\frac{1}{3}$	$\frac{1}{6}$	$\frac{7}{12}$	$\frac{1}{24}$
$\frac{3}{4}$	$\frac{5}{12}$	$\frac{7}{12}$	$\frac{2}{12} = \frac{1}{6}$	$\frac{17}{24}$
1	$\frac{2}{3}$	$\frac{5}{6}$	$\frac{5}{12}$	$\frac{23}{24}$
$\frac{5}{6}$	$\frac{3}{6} = \frac{1}{2}$	$\frac{4}{6} = \frac{2}{3}$	$\frac{3}{12} = \frac{1}{4}$	$\frac{19}{24}$
$1\frac{23}{24}$	$1\frac{15}{24} = 1\frac{5}{8}$	$1\frac{19}{24}$	$1\frac{9}{24} = 1\frac{3}{8}$	$1\frac{22}{24} = 1\frac{11}{12}$

9. a) $\frac{1}{3} + \frac{2}{5} + \frac{3}{7} + \frac{2}{3} + \frac{3}{5} + \frac{4}{7}$

$= \left(\frac{1}{3} + \frac{2}{3}\right) + \left(\frac{2}{5} + \frac{3}{5}\right) + \left(\frac{3}{7} + \frac{4}{7}\right)$

$= 1 + 1 + 1 = 3$ (KG und AG)

b) $\frac{12}{13} + \frac{7}{2} + \frac{14}{13} + \frac{15}{2}$

$= \left(\frac{12}{13} + \frac{14}{13}\right) + \left(\frac{7}{2} + \frac{15}{2}\right)$

$= \frac{26}{13} + \frac{22}{2} = 2 + 11 = 13.$ (KG und AG)

c) $\frac{3}{8} + \frac{4}{9} + \frac{5}{11} + \frac{1}{8} + \frac{2}{9} + \frac{6}{11}$

$= \left(\frac{3}{8} + \frac{1}{8}\right) + \left(\frac{4}{9} + \frac{2}{9}\right) + \left(\frac{5}{11} + \frac{6}{11}\right)$

$= \frac{4}{8} + \frac{6}{9} + \frac{11}{11} = \frac{1}{2} + \frac{2}{3} + 1$

$= \frac{3}{6} + \frac{4}{6} + 1 = \frac{7}{6} + 1 = 1\frac{1}{6} + 1 = 2\frac{1}{6}$

(KG und AG)

d) $3\frac{1}{5} - \frac{6}{5} + 4\frac{1}{7} - \frac{5}{7}$

$= \left(3\frac{1}{5} - 1\frac{1}{5}\right) + \left(3\frac{8}{7} - \frac{5}{7}\right)$

$= 2 + 3\frac{3}{7} = 5\frac{3}{7}$ (AG)

10.

Pyramid:
- Top: $3\frac{2}{3}$
- Row 2: $1\frac{1}{3}$, $2\frac{1}{3}$
- Row 3: $\frac{1}{2}$, $\frac{5}{6}$, $1\frac{1}{2}$
- Bottom: $\frac{1}{6}$, $\frac{1}{3}$, $\frac{1}{2}$, 1

11.

$\frac{1}{2}$	$\frac{1}{24}$	$\frac{11}{24}$
$\frac{7}{24}$	$\frac{1}{3}$	$\frac{3}{8}$
$\frac{5}{24}$	$\frac{5}{8}$	$\frac{1}{6}$

		$\frac{2}{5}$
$\frac{3}{5}$	1	
		$\frac{6}{5}$

Seite 15

1. a) 6,12 b) 1,239 c) 7,668
d) 3,522 e) 0,218 f) 0,889

2. 1,743 + 3,257 = 5   0,099 + 1,901 = 2   7,13 + 0,87 = 8   1,01 + 9,99 = 11
8,88 + 0,12 = 9   1,68 + 23,32 = 25   13,13 + 2,87 = 16   1,45 + 12,55 = 14

3.

	Kassenzettel-Nummer	Summenwert der auf € gerundeten Einzelbeträge	Exakter Summenwert der Einzelbeträge	Rückgeld (exakt)
Gregor	III	8 €	7,93 €	12,07 €
Laura	II	15 €	15,88 €	4,12 €
Lucas	IV	10 €	10,15 €	9,85 €
Sophie	I	15 €	14,38 €	5,62 €

Seite 16

4. 12,45 + 1,002 − 3,462 = 9,99   Das Ergebnis steht in Feld A I.
100 − (22,56 + 72,57) = 4,87   Das Ergebnis steht in Feld B II.
(11,6 + 19,67) − (8,13 − 3,56) = 26,7   Das Ergebnis steht in Feld A III.
(11,11 − 9,72) + (93,45 − 87,21) = 7,63   Das Ergebnis steht in Feld B III.
48 − 2,69 − 11,1 = 34,21   Das Ergebnis steht in Feld B I.

5.

Term	177,83 + (33,76 − 29,87)	(111,99 − 22,1) − 85,23
Überschlagsrechnung	180 + (30 − 30) = 180 + 0 = 180	(110 − 20) − 90 = 90 − 90 = 0
Exakte Rechnung und Termwert	... = 177,83 + 3,89 = 181,72	... = 89,89 − 85,23 = 4,66
Der Termwert liegt zwischen den ganzen Zahlen	181 und 182	4 und 5
Der Termwert liegt zwischen den Primzahlen	181 und 191	3 und 5

6. a) 1,733 + 1,167
0,999 + 1,901
2,25 + 0,65
1,1 + 1,8
0,555 + 2,345
2,9 + 0

b) 1,733 − 0,733 = 1
1,1 − 0,1 = 1
2,25 − 0,25 = 2
17,6 − 6,6 = 11
28 − 0 = 28
9,5 − 1,5 = 8

7.

1. Summand	18,29	346,01	0,992
2. Summand	44,11	209,21	0,0088
Summenwert	62,4	555,22	1,0008

Minuend	110,56	45,88	167,99
Subtrahend	34,8	32,67	67,99
Differenzwert	75,76	13,21	100

Seite 17

1. a) $32 \cdot \frac{3}{64} = 1\frac{1}{2}$

$9 \cdot \frac{2}{117} = \frac{2}{13}$

$18 \cdot \frac{7}{180} = \frac{7}{10}$

$22 \cdot \frac{3}{88} = \frac{3}{4}$

b) $\frac{5}{64} \cdot 16 = 1\frac{1}{4}$

$35 \cdot 27 \cdot 0 = 0$

$\frac{11}{15} \cdot 5 = 3\frac{2}{3}$

$\frac{19}{26} \cdot 13 = 9\frac{1}{2}$

c) $\frac{8}{95} \cdot 38 = 3\frac{1}{5}$

$5 \cdot \frac{2}{25} = \frac{2}{5}$

$\frac{8}{61} \cdot 122 = 16$

$17 \cdot \frac{19}{51} = 6\frac{1}{3}$

d) $\frac{1}{5} \cdot \frac{1}{3} = \frac{1}{15}$

$\frac{1}{7} \cdot \frac{2}{4} = \frac{1}{14}$

$\frac{3}{5} \cdot \frac{1}{2} = \frac{3}{10}$

$\frac{2}{9} \cdot \frac{5}{7} = \frac{10}{63}$

e) $\left(\frac{2}{5}\right)^2 = \frac{4}{25}$

$\left(\frac{3}{7}\right)^2 = \frac{9}{49}$

$\left(\frac{1}{13}\right)^2 = \frac{1}{169}$

$\left(16\frac{1}{2} + 1\frac{1}{2}\right)^2 = 324$

f) $\frac{2}{5} \cdot \frac{5}{2} = 1$

$(128 − 18) \cdot (39 − 37) = 220$

$\frac{6}{36} \cdot \frac{1}{6} = \frac{1}{36}$

$\frac{2}{15} \cdot \frac{5}{8} = \frac{1}{12}$

g) $\frac{3}{4} \cdot \frac{5}{6} \cdot \frac{24}{25} = \frac{3}{5}$

$\frac{13}{12} \cdot \frac{25}{26} \cdot \frac{4}{75} = \frac{1}{18}$

$\frac{15}{81} \cdot \frac{18}{30} \cdot \frac{2}{3} = \frac{2}{27}$

$\frac{3}{13} \cdot \frac{169}{9} \cdot \frac{5}{39} = \frac{5}{9}$

Seite 18

2.

$3 \cdot \frac{1}{4}$	$5 \cdot \frac{1}{8}$	$\frac{1}{2}$ von $\frac{1}{4}$	$\frac{1}{3}$ von $\frac{1}{2}$	$2 \cdot \frac{7}{12}$	$2 \cdot \frac{1}{6}$
C	A	N	T	O	R

Name des Mathematikers: GEORG CANTOR

3.

a) $\frac{2}{7}$	Wer	b) $3\frac{1}{5}$	sich
c) $\frac{3}{5}$	heu	d) 1	te
e) $3\frac{1}{3}$	freu	f) $\frac{1}{16}$	en
g) $\frac{1}{64}$	kann,	h) $\frac{4}{7}$	soll
i) $6\frac{1}{2}$	nicht	j) $6\frac{1}{4}$	auf
k) $12\frac{1}{2}$	mor	l) 2	gen
m) 5	war	n) $\frac{2}{9}$	ten.

Lösungssatz: Wer sich heute freuen kann, soll nicht auf morgen warten.

4. $\left(\frac{1}{2}\right)^5 = \frac{1}{32}$ $\left(\frac{2}{3}\right)^4 = \frac{16}{81}$ $\left(\frac{1}{7}\right)^3 = \frac{1}{343}$

$\left(\frac{1}{100}\right)^0 = 1$ $\left(\frac{5}{13}\right)^2 = \frac{25}{169}$ $\left(\frac{2}{3}\right)^2 = \frac{4}{9}$

$\left(\frac{5}{8}\right)^3 = \frac{125}{512}$ $\left(\frac{7}{33}\right)^1 = \frac{7}{33}$ $\left(\frac{5}{6}\right)^1 = \frac{5}{6}$

Seite 19

1.

Zahl	$\frac{3}{11}$	$\frac{1}{2}$	$\frac{2}{3}$	5	1	$\frac{5}{6}$	$\frac{2}{5}$	$\frac{1}{10}$	$1\frac{5}{7}$
Kehrwert	$\frac{11}{3}$	$\frac{2}{1} = 2$	$\frac{3}{2}$	$\frac{1}{5}$	1	$\frac{6}{5}$	$\frac{5}{2}$	10	$\frac{7}{12}$

2. a) Rechnung: $\frac{1}{2} : 2 = \frac{1}{4}$ b) Rechnung: $1 : \frac{1}{2} = 2$ c) Rechnung: $\frac{1}{4} : 3 = \frac{1}{12}$

d) Rechnung: $\frac{2}{3} : 3 = \frac{2}{9}$ e) Rechnung: $2 : \frac{2}{5} = 5$ oder $1 : \frac{2}{10} = 5$

3. a) $3 \text{ m} : \frac{3}{4} = 4 \text{ m}$ b) $\frac{1}{2} : \frac{3}{4} = \frac{2}{3}$ c) $\frac{5}{9} : 2 = \frac{5}{18}$ d) $2\frac{1}{25} : 17 = \frac{3}{25}$

$5 \text{ kg} : \frac{1}{10} = 50 \text{ kg}$ $\frac{2}{5} : \frac{3}{25} = 3\frac{1}{3}$ $2\frac{1}{5} : 3 = \frac{11}{15}$ $\frac{15}{7} : \frac{6}{7} = 2\frac{1}{2}$

$4 \text{ l} : \frac{5}{6} = 4\frac{4}{5} \text{ l}$ $\frac{14}{8} : \frac{3}{16} = 9\frac{1}{3}$ $\frac{1}{28} : \frac{3}{7} = \frac{1}{12}$ $5\frac{1}{6} : \frac{62}{100} = 8\frac{1}{3}$

$7 \text{ €} : \left(\frac{1}{100} \text{ €}\right) = 700$ $\frac{17}{13} : \frac{1}{26} = 34$ $\frac{9}{23} : \frac{6}{69} = 4\frac{1}{2}$ $\frac{11}{6} : \frac{11}{12} = 2$

Seite 20

4. a)  b)

5. a) z. B. $\frac{1}{1} : \frac{2}{2} = \frac{4}{4}$

$\frac{1}{4} : \frac{2}{4} = \frac{1}{2}$

$\frac{4}{2} : \frac{4}{1} = \frac{1}{2}$

$\frac{2}{4} : \frac{1}{4} = \frac{2}{1}$

b) z. B. $\frac{1}{3} : \frac{4}{1} = \frac{1}{12}$

$\frac{1}{4} : \frac{3}{1} = \frac{1}{12}$

6.

Mineralwassermenge	300 l	600 l	750 l	900 l	1 200 l
Anzahl der $\frac{1}{2}$-l-Flaschen	600	1 200	1 500	1 800	2 400
Mineralwassermenge	300 l	600 l	750 l	900 l	1 200 l
Anzahl der $\frac{3}{4}$-l-Flaschen	400	800	1 000	1 200	1 600
Mineralwassermenge	300 l	600 l	750 l	900 l	1 200 l
Anzahl der $1\frac{1}{2}$-l-Flaschen	200	400	500	600	800

Seite 21

7. a) $\frac{750}{1\,000} \cdot 10$ g $= 7{,}5$ g $= 7\,500$ mg   b) $\frac{925}{1\,000} \cdot 45$ g ≈ 42 g.

8. a) $A_I = \frac{1}{2} \cdot 1\frac{9}{16}$ dm² $= \frac{25}{32}$ dm²; $A_{II} = \frac{1}{2} \cdot 1\frac{9}{16}$ dm² $+ \frac{1}{8} \cdot 1\frac{9}{16}$ dm² $= \frac{125}{128}$ dm²;

$A_{III} = \frac{2}{8} \cdot 1\frac{9}{16}$ dm² $= \frac{25}{64}$ dm².

b) $A = 1\frac{9}{16}$ dm² $= \frac{25}{16}$ dm² $= \left(\frac{5}{4}\text{ dm}\right)^2$: Jede Quadratseite ist $\frac{5}{4}$ dm, also $1\frac{1}{4}$ dm lang.

c) $U_I \approx 2 \cdot \frac{5}{4}$ dm $+ 1\frac{3}{4}$ dm $= 4\frac{1}{4}$ dm ≈ 4 dm

$U_{II} \approx 3 \cdot \frac{5}{4}$ dm $+ 1\frac{3}{4}$ dm $: 2 = 4\frac{5}{8}$ dm ≈ 5 dm

9. Anzahl der Bänder: 30 m $: \left(1\frac{1}{2}\text{ m}\right) = 20$.   Antwort: Sie erhält 20 Bänder.

10. Simon: 12 € $: \frac{3}{2} = 8$ €; Sandra: 12 € $: \frac{2}{3} = 18$ €.

1.

a)
0,34 · 10 = 3,4
0,0051 · 1 000 = 5,1
0,111 · 100 = 11,1
6,05 · 10 000 = 60 500

b)
100 · 1,86 = 186
10 · 1,0068 = 10,068
1 000 · 1,111 = 1 111
10 000 · 2,2 = 22 000

c)
1,51 · 2 = 3,02
3,0128 · 3 = 9,0384
23 · 4 = 92
39,3 · 6 = 235,8

d)
0,5 · 0,3 = 0,15
90 · 0 · 81 = 0
1,7 · 0,5 = 0,85
3,5 · 0,2 = 0,7

e)
1,5 · 1,8 = 2,7
1,5 · 0,18 = 0,27
15 · 0,18 = 2,7
0,15 · 0,18 = 0,027

f)
2,25 · 3,6 = 8,1
22,5 · 3,6 = 81
22,5 · 0,36 = 8,1
4 · $1,5^2$ = 9

g)
$1,7^2$ = 1,7 · 1,7 = 2,89
$2,5^2$ = 6,25
$1,9^2$ = 3,61
$2,4^2$ = 5,76

h)
13,5 · 1,8 = 24,3
0,007 · 4,9 = 0,0343
0,01 · 1,05 = 0,0105
1,625 · 2,5 = 4,0625

i)
13,5 · 0,18 = 2,43
0,007 · 49 = 0,343
0,001 · 1,05 = 0,00105
16,25 · 0,25 = 4,0625

j)
2,7 m · 4,5 m = 12,15 m²
4 · 1,95 m = 7,8 m
3 · 6,5 kg = 19,5 kg
10 · 27,9 l = 279 l

k)
2,75 · 3,6 ≈ 3 · 4 = 12
55,1 · 12,6 ≈ 60 · 10 = 600
103,6 · 102,6 ≈ 100 · 100 = 10 000
0,6 · 8,7 ≈ 1 · 9 = 9

l)
2,75 m · 3,6 m = 9,9 m²
55,1 · 12,6 = 694,26
103,6 · 102,6 = 10 629,36
0,6 · 8,7 = 5,22

2.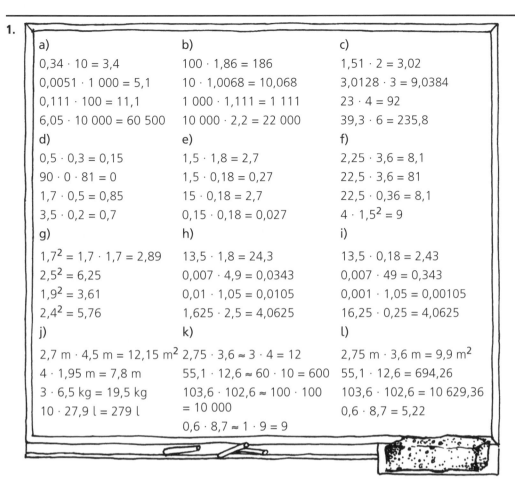

GEMÜSELÄDCHEN
kg	€/kg	€
TOMATEN 2,25	1,48	3,33
PAPRIKA ROT 0,95	1,85	1,76
GESAMT		5,09

SCHLEMMER – KÄSE
kg	€/kg	€
EDAMER 0,652	15,60	10,17
PARMESAN 1,458	13,90	20,27
GESAMT		30,44

BIOLADEN – OBSTKORB
kg	€/kg	€
BANANEN 2,050	1,18	2,42
WEINTRAUBEN 3,650	1,69	6,17
GESAMT		8,59

3. a) 1,8 · 25,6 = 18 · 2,56   b) 28 · 31,7 > 2,8 · 31,7   c) 21 · 32,5 > 3,25 · 2,1
d) 4,88 · 9,99 = 0,488 · 999   e) 350 · 0,19 < 35 · 19   f) 7,28 · 45,0 < 72,8 · 450

4.

1. Faktor	2. Faktor	Überschlags- rechnung	Wert des Produkts exakt	Wert des Produkts auf Ganze gerundet	Wert des Produkts auf zwei Dezimalen gerundet
2,065	5,89	2 · 6 = 12	12,16285	12	12,16
15,48	0,763	15 · 1 = 15	11,81124	12	11,81
0,65	0,99	1 · 1 = 1	0,6435	1	0,64
12,59	0,64	13 · 1 = 13	8,0576	8	8,06

5.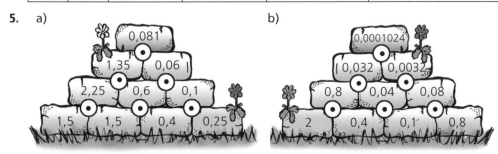

a) Pyramide: 0,081 / 1,35 · 0,06 / 2,25 · 0,6 · 0,1 / 1,5 · 1,5 · 0,4 · 0,25

b) Pyramide: 0,0001024 / 0,032 · 0,0032 / 0,8 · 0,04 · 0,08 / 2 · 0,4 · 0,1 · 0,8

Seite 24

1.

ih	der	ha	Wert;	Nicht	je	Irr	nur	fährt,	Käst	und	nach	deckt	tü	da.
1,52	600	0,17	8	0,55	0,09	1,7	0,04	0,14	1	0,32	5,01	0,08	0,005	0,054
f)	r)	d)	h)	o)	p)	a)	k)	v)	ö)	m)	s)	x)	b)	n)

mer	der,	doch	Ameri	ent	(Erich	ren	hie	ka.	ben	je	In	dien	ner)
0,0017	77,48	5	1,5	0,27	100	30	0,7	70	0,0023	0,3	9,7	31	1 000
c)	q)	j)	y)	w)	ä)	g)	l)	z)	e)	i)	t)	u)	ü)

Lösungssatz: Irrtümer haben ihren Wert; jedoch nur hie und da. Nicht jeder, der nach Indien fährt, entdeckt Amerika. (Erich Kästner)

2. a)  b)

3.
a) 12,5 : 0,5 = 125 : 5
b) 22,5 : 0,15 = 2 250 : 15
c) 0,0081 : 0,9 < 0,81 : 9
d) 1 : 2 = 10 : 20
e) 27 : 81 < 270 : 8,1
f) 100 : 0,1 = 10 : 0,01
g) 9,3 : 0,0031 > 93 : 31
h) 243 : 24,3 = 1 : 0,1
i) 123 : 12,3 < 12,3 · 123
j) 1 : 0,5 > 1 + 0,5
k) 1 − 0,5 = 1 · 0,5
l) $(1 − 0,5)^2 < (1 − 0,5)^0$
m) 0,5 : 0,5 > 0,5 · 0,5
n) 2 · 0,5 > 0,5 : 2
o) $(2 · 0,5)^0 = (2 : 0,5)^0$

Seite 25

4. a) Länge jeder der drei Seiten: 3,6 m. b) Länge jeder der vier Seiten: 2,7 m.
c) Länge jeder der fünf Seiten: 2,16 m. d) Länge jeder der sechs Seiten: 1,8 m.

5.
0,5 : 0,005 = 100
8,8 : 8,8 = 1
2,5 : 0,05 = 50
0 : 12,05 = 0
27 : 0,00027 = 100 000
0,99 : 9,9 = 0,1
0,0027 : 0,27 = 0,01
4,5 : 0,45 = 10
0,006 : 0,000006 = 1 000

6.

Klasse	Note 1	Note 2	Note 3	Note 4	Note 5	Note 6	Klassenstärke
6 A	3-mal	4-mal	6-mal	8-mal	3-mal	1-mal	25
6 B	2-mal	10-mal	6-mal	5-mal	3-mal	1-mal	27
6 C	2-mal	8-mal	3-mal	3-mal	6-mal	3-mal	25

Durchschnittsnote der Klasse 6A: (3 · 1 + 4 · 2 + 6 · 3 + 8 · 4 + 3 · 5 + 1 · 6) : 25
= 82 : 25 = 3,28
Durchschnittsnote der Klasse 6B: (2 · 1 + 10 · 2 + 6 · 3 + 5 · 4 + 3 · 5 + 1 · 6) : 27
= 81 : 27 = 3,00
Durchschnittsnote der Klasse 6C: (2 · 1 + 8 · 2 + 3 · 3 + 3 · 4 + 6 · 5 + 3 · 6) : 25
= 87 : 25 = 3,48

Seite 26

1. Abbrechende („endliche") Dezimalzahlen ergeben die Brüche $\frac{1}{2}$; $\frac{1}{4}$; $\frac{2}{4}$; $\frac{3}{4}$; $\frac{1}{5}$; $\frac{2}{5}$; $\frac{3}{5}$; $\frac{4}{5}$; $\frac{3}{6}$; $\frac{1}{8}$; $\frac{2}{8}$; $\frac{3}{8}$; $\frac{4}{8}$; $\frac{5}{8}$; $\frac{6}{8}$; $\frac{7}{8}$; $\frac{1}{10}$; $\frac{2}{10}$; $\frac{3}{10}$; $\frac{4}{10}$; $\frac{5}{10}$; $\frac{6}{10}$; $\frac{7}{10}$; $\frac{8}{10}$; $\frac{9}{10}$.

Nichtabbrechende periodische Dezimalzahlen ergeben die Brüche $\frac{1}{3}$; $\frac{2}{3}$; $\frac{1}{6}$; $\frac{2}{6}$; $\frac{4}{6}$; $\frac{5}{6}$; $\frac{1}{7}$; $\frac{2}{7}$; $\frac{3}{7}$; $\frac{4}{7}$; $\frac{5}{7}$; $\frac{6}{7}$; $\frac{1}{9}$; $\frac{2}{9}$; $\frac{3}{9}$; $\frac{4}{9}$; $\frac{5}{9}$; $\frac{6}{9}$; $\frac{7}{9}$; $\frac{8}{9}$.

2.

Bruch	Bruch in Grundform	Primfaktorzerlegung des Nenners der Grundform	Dezimalzahldarstellung			Dezimalzahl	Dezimalzahl auf Hundertstel gerundet
			abbrechend	nichtabbrechend reinperiodisch	nichtabbrechend gemischtperiodisch		
$\frac{5}{6}$	$\frac{5}{6}$	$6 = 2 \cdot 3$			X	$0{,}833\ldots = 0{,}8\overline{3}$	0,83
$\frac{5}{11}$	$\frac{5}{11}$	11		X		$0{,}4545\ldots = 0{,}\overline{45}$	0,45
$\frac{13}{650}$	$\frac{1}{50}$	$50 = 2 \cdot 5 \cdot 5$	X			0,02	0,02
$\frac{3}{14}$	$\frac{3}{14}$	$14 = 2 \cdot 7$			X	$0{,}214285714\ldots = 0{,}2\overline{142857}$	0,21
$\frac{2}{15}$	$\frac{2}{15}$	$15 = 3 \cdot 5$			X	$0{,}1333\ldots = 0{,}1\overline{3}$	0,13

3. $\frac{1}{9} = 0{,}\overline{1}$; $\frac{1}{8} = 0{,}125$; $\frac{11}{90} = 0{,}1\overline{2}$; $\frac{4}{25} = 0{,}16$; $\frac{16}{99} = 0{,}\overline{16}$; $\frac{2}{11} = 0{,}\overline{18}$; $\frac{1}{6} = 0{,}1\overline{6}$; $\frac{2}{7} = 0{,}\overline{285714}$; $\frac{3}{10} = 0{,}3$; $\frac{1}{3} = 0{,}333\ldots$; $\frac{3}{4} = 0{,}75$; $\frac{4}{5} = 0{,}8$; $\frac{9}{1} = 9$.

Seite 27

1.

Seite 28 2.

	Ansatz und Termwertberechnung
a)	$(0{,}13 + 1{,}5) + \frac{1}{2} = (0{,}13 + 1{,}50) + \frac{1}{2} = 1{,}63 + 0{,}50 = 2{,}13$
b)	$9{,}8 \cdot 0{,}44 - 0{,}83 = 4{,}312 - 0{,}830 = 3{,}482$
c)	$(233{,}55 - 157{,}8) : (117{,}05 - 91{,}8) = (233{,}55 - 157{,}80) : (117{,}05 - 91{,}80)$ $= 75{,}75 : 25{,}25 = 7\,575 : 2\,525 = 3$
d)	$1{,}1^3 + (0{,}14 + 2{,}96)^1 = 1{,}1 \cdot 1{,}1 \cdot 1{,}1 + 3{,}10 = 1{,}331 + 3{,}100 = 4{,}431$
e)	$(10{,}24 : 0{,}128) : (8{,}06 + 7{,}94) = 80 : 16 = 5$
f)	$(1{,}5^2 + 1{,}2^2) - 2{,}9 = (2{,}25 + 1{,}44) - 2{,}9 = 3{,}69 - 2{,}90 = 0{,}79$
g)	$\left(2\frac{17}{20} + 0{,}57\right) : (88{,}02 - 84{,}42) = (2{,}85 + 0{,}57) : 3{,}60 = 3{,}42 : 3{,}6 = 34{,}2 : 36 = 0{,}95$
h)	$(2{,}89 : 0{,}34) \cdot \left(\frac{7}{16} + \frac{2}{32}\right) = (289 : 34) \cdot \left(\frac{7}{16} + \frac{1}{16}\right) = 8{,}5 \cdot \frac{8}{16} = 8{,}5 \cdot \frac{1}{2} = 8{,}5 : 2 = 4{,}25$
i)	$(0{,}345 - 0{,}045) : \left(\frac{1}{10}\right)^2 = 0{,}300 : \frac{1}{100} = 0{,}3 \cdot 100 = 30$
j)	$\left(\frac{1}{6}\right)^3 : \left(\frac{1}{120} : \frac{1}{1200}\right) = \left(\frac{1}{6} \cdot \frac{1}{6} \cdot \frac{1}{6}\right) : \left(\frac{1}{120} \cdot \frac{1200}{1}\right) = \frac{1}{216} : 10 = \frac{1}{2\,160}$

Seite 29 3.

	Art des Terms	Wortform z. B.
a)	Produkt	Multipliziere die Summe der Zahlen $\frac{1}{7}$ und $\frac{1}{49}$ mit 7.
b)	Quotient	Addiere die dritte Potenz der kleinsten natürlichen Zahl zu dem Quotienten, dessen Dividend die Zahl 7,2 und dessen Divisor das Quadrat der Zahl 0,3 ist, und dividiere dann die Summe durch die Zahl 8,1.
c)	Quotient	Subtrahiere den Quotienten mit dem Dividenden $\frac{1}{4}$ und dem Divisor $\frac{1}{8}$ von dem Quotienten mit dem Dividenden $\frac{1}{3}$ und dem Divisor $\frac{1}{9}$ und dividiere dann die Differenz durch die Zahl 7.
d)	Quotient	Subtrahiere den Quotienten mit dem Dividenden 2 und dem Divisor $\frac{1}{2}$ von dem Quotienten, dessen Dividend 625 und dessen Divisor die dritte Potenz von 5 ist, und dividiere dann die Differenz durch den Stammbruch $\frac{1}{5}$.
e)	Quotient	Subtrahiere das Produkt der Zahlen 0,8 und 0,6 von dem Quotienten, dessen Dividend 22,20 und dessen Divisor 0,37 ist, und dividiere dann die Differenz durch 12.
f)	Differenz	Dividiere die Differenz mit dem Minuenden 99,9 und dem Subtrahenden 10,1 durch die Zahl 0,02 und subtrahiere dann vom Quotienten die Zahl 400.

Beispiele für Details, die die Achsensymmetrie des Katzenbildes brechen:
Maus, Augen, Schweif, Schnurrhaare, Ohren, Krallen, „Unterarm"-Streifen.

Seite 30

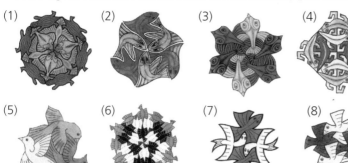

Die Figur	(1)	(2)	(3)	(4)	(5)	(6)	(7)	(8)
ist drehsymmetrisch	x	x	x	x		x	x	
Größe des kleinstmöglichen Drehwinkels	120°	120°	180°	180°		120°	180°	
ist punktsymmetrisch			x	x			x	

Beispiel für ein achsensymmetrisches Tierbild:

Beispiel für ein drehsymmetrisches Tierbild:

Seite 31

Hinweis: Die Konstruktionsfiguren zu Aufgabe 1. sind verkleinert wiedergegeben.

1. a)
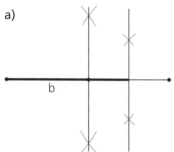
b)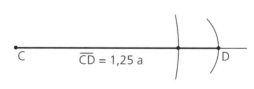

2. $d = \frac{1}{2}s - \frac{1}{4}t$

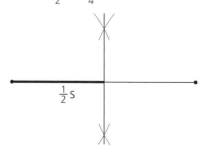
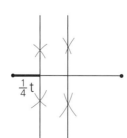
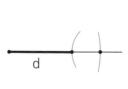

3. a)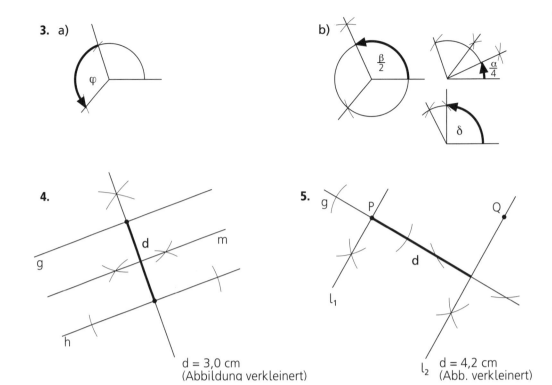

4.

d = 3,0 cm
(Abbildung verkleinert)

5.

d = 4,2 cm
(Abb. verkleinert)

Seite 32 **6.** (Abbildung verkleinert)

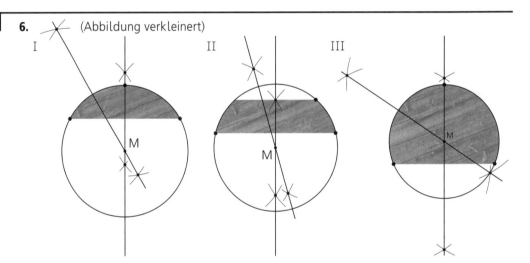

Rad	I	II	III
Radiuslänge in der Konstruktionsfigur	2,9 cm	2,9 cm	2,5 cm
Durchmesserlänge in der Konstruktionsfigur	5,8 cm	5,7 cm	4,9 cm
Radiuslänge in der Wirklichkeit	44 cm	58 cm	62 cm
Durchmesserlänge in der Wirklichkeit	87 cm	1,1 m	1,2 m

Seite 33

1. a) 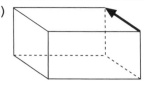 b)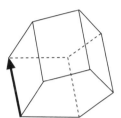

c) 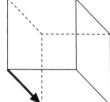 d)

2.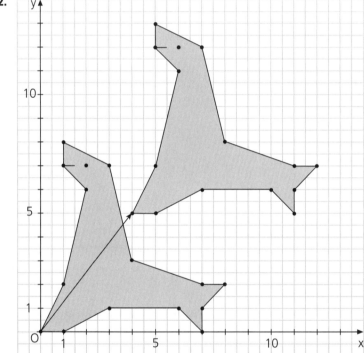

Seite 34

1.

	20 € von 40 €	15 € von 60 €	2 ct von 2 €	11 Punkte von 33 Punkten	8 km von 40 km
Prozentsatz	50%	25%	1%	$33\frac{1}{3}$ %	20%

2. Lösungswort: DONAU

	12 € von 25 €			8 € von 81 €			48 kg von 200 kg			72 m von 350 m			1,3 km von 2,5 km		
Prozentsatz	25%	50%	5%	1%	10%	20%	2,5%	45%	25%	2%	15%	20%	20%	50%	5%
	T	D	A	U	O	F	R	T	U	R	M	A	A	N	H

3.

	Herr Schwarz ...		Gregor ...		Lucas ...		14 der 34 Klassen ...	
	Anteil als		Anteil als		Anteil als		Anteil als	
	Dezimal-zahl	Prozent-satz	Dezimal-zahl	Prozent-satz	Dezimal-zahl	Prozent-satz	Dezimal-zahl	Prozent-satz
	≈ 0,225	≈ 22,5%	≈ 0,739	≈ 73,9%	≈ 0,673	≈ 67,3%	≈ 0,412	41,2%

4. a) Der Preisnachlass beträgt $\frac{12}{30} = \frac{4}{10} = 0{,}4$; das sind 40%.

b) Zehn Einzelkarten kosten 18 €, also um 2 € mehr als eine Zehnerkarte. Zehn Einzelkarten kosten somit um $\frac{2}{16} = 0{,}125$, d. h. um 12,5%, mehr als eine Zehnerkarte.

c) Lucas hat $\frac{68}{85}$, das sind 80%, der Höchstpunktzahl erreicht.

d) Bei seinem zweitbesten Sprung erreichte Gregor $\frac{3{,}96}{4{,}40}$, das sind 90%, der Weite seines besten Sprungs.

5. Bei der Schulsprecherwahl des Bertha-von-Suttner-Gymnasiums wurden Leon und Nina als Schulsprecher/Schulsprecherin gewählt. Leon erhielt etwa 60%, Nina etwa 30% aller Stimmen; etwa 10% aller Stimmen wurden weder für Leon noch für Nina abgegeben.

Seite 35

1. Turnschuhe: 68 € − 0,25 · 68 € = 68 € − 17 € = 51 € *oder* 0,75 · 68 € = 51 €
Koffer: 96 € − 0,3 · 96 € = 96 € − 28,80 € = 67,20 € *oder* 0,7 · 96 € = 67,20 €
Sessel: 490 € − 0,5 · 490 € = 490 € − 245 € = 245 € *oder* 0,5 · 490 € = 245 €

2.

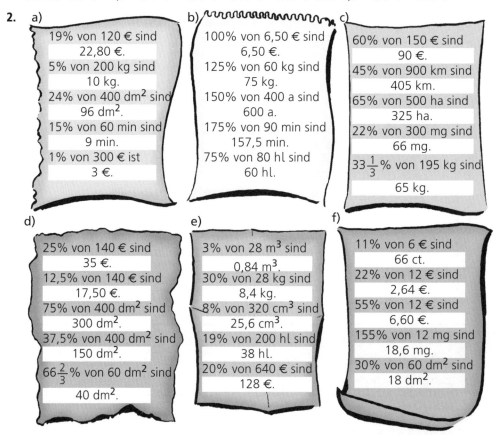

a)
19% von 120 € sind 22,80 €.
5% von 200 kg sind 10 kg.
24% von 400 dm² sind 96 dm².
15% von 60 min sind 9 min.
1% von 300 € ist 3 €.

b)
100% von 6,50 € sind 6,50 €.
125% von 60 kg sind 75 kg.
150% von 400 a sind 600 a.
175% von 90 min sind 157,5 min.
75% von 80 hl sind 60 hl.

c)
60% von 150 € sind 90 €.
45% von 900 km sind 405 km.
65% von 500 ha sind 325 ha.
22% von 300 mg sind 66 mg.
$33\frac{1}{3}$% von 195 kg sind 65 kg.

d)
25% von 140 € sind 35 €.
12,5% von 140 € sind 17,50 €.
75% von 400 dm² sind 300 dm².
37,5% von 400 dm² sind 150 dm².
$66\frac{2}{3}$% von 60 dm² sind 40 dm².

e)
3% von 28 m³ sind 0,84 m³.
30% von 28 kg sind 8,4 kg.
8% von 320 cm³ sind 25,6 cm³.
19% von 200 hl sind 38 hl.
20% von 640 € sind 128 €.

f)
11% von 6 € sind 66 ct.
22% von 12 € sind 2,64 €.
55% von 12 € sind 6,60 €.
155% von 12 mg sind 18,6 mg.
30% von 60 dm² sind 18 dm².

Seite 36

3. a) „Wir haben 9 von 12 Fußballspielen gewonnen oder unentschieden gespielt."

b) Lauras T-Shirt ist aus „reiner Baumwolle", enthält also keine Beimischungen.

c) Wenn deine Masse z. B. 30 kg beträgt, dann sind davon 21 kg (also etwa 21 l) Wasser.

d) Es gibt noch Länder, in denen weit mehr als drei Viertel aller Mädchen keine Schule besuchen können.

4. a) Gesamtbetrag   146,83 €   b) Gesamtbetrag   103,40 €
   zuzügl. 19% MwSt.   27,90 €   19% MwSt. aus 99,90 €   18,98 €
   Zu bezahlen: 174,73 €   Bitte überweisen Sie   122,38 €
   c) Mehrwertsteuer 19%   5,18 €
   Gesamtbetrag   32,45 €

5. Der Gesamtbetrag ist (2,10 € + 15,29 € + 6,12 € =) 23,51 €; die Mehrwertsteuer aus diesem Betrag ist 4,47 €. Lauras Mutter muss also 27,98 € an SCHÖNBACK überweisen.

Seite 37

1. a) Kevin bekommt 12 € Taschengeld.
   b) Yasmin hatte bei ihrer Schwester 20 € Schulden.
   c) Das ganze Grundstück hat einen Flächeninhalt von 900 m².
   d) 1% entspricht 6,85 €; 100% entsprechen 685 €.
   e) 1% entspricht 1,8 km ; 100% entsprechen 180 km. Sie haben noch 117 km vor sich.
   f) 1% entspricht 0,15 €; 100% entsprechen 15 €.

2. a) Der Tennisclub hat insgesamt 200 Mitglieder.
   b) 85% des regulären Preises sind 7,65 €; 1% des regulären Preises entspricht somit 0,09 €. Der reguläre Preis des Taschenbuchs war also [100 · (7,65 € : 85) =] 9 €.

Seite 38

1.
Tier	Fuchs	Igel	Elefant	Löwe	Tiger	Wolf
Maximale Länge	90 cm	30 cm	640 cm	190 cm	300 cm	150 cm
Maximale Masse	10 kg	1,2 kg	5 t	250 kg	350 kg	75 kg

2.
Primfaktorzerlegung	$2^4 \cdot 3 \cdot 5$	$3^4 \cdot 5$	$2 \cdot 5^3$	$2^5 \cdot 3^2$	$2 \cdot 3 \cdot 5 \cdot 7$	$2^2 \cdot 11$
Zahl	240	405	250	288	210	44

3.
Zahl	196	225	500	144	105	99
Primfaktorzerlegung	$2^2 \cdot 7^2$	$3^2 \cdot 5^2$	$2^2 \cdot 5^3$	$2^4 \cdot 3^2$	$3 \cdot 5 \cdot 7$	$3^2 \cdot 11$

4.
Gleichung	$x(4-x) = x^2$	$x(4-x) = 4x - x^2$	$x(4-x) = 16 - x^2$	$x^2(4-x) = 4x - x^2$
Lösungsmenge	{0; 2}	{0; 1; 2; 3; 4}	{4}	{0; 1; 4}

Seite 39

1. a) Die Kreisdiagramme sind gleich, obwohl die Anzahl der abgegebenen Stimmen bei einer Klassensprecherwahl sicher viel kleiner als bei einer Stadtratswahl ist. Dominik hat den gleichen Anteil der Stimmen erhalten wie die FRP, Gundi den gleichen Anteil wie die SFD, Lena den gleichen Anteil wie die CMU und Severin den gleichen Anteil wie die GRU.

b)
Kandidat/Kandidatin	Dominik	Gundi	Lena	Severin
Größe des Mittelpunktswinkels	72°	60°	120°	108°
Stimmenanteil in Prozent	20%	$16\frac{2}{3}$ %	$33\frac{1}{3}$ %	30%

Partei	FRP	SFD	CMU	GRU
Größe des Mittelpunktswinkels	72°	60°	120°	108°
Stimmenanteil in Prozent	20%	$16\frac{2}{3}$ %	$33\frac{1}{3}$ %	30%

c) Lena hat $33\frac{1}{3}$ %, Severin 30% aller Stimmen erhalten; der Unterschied ($3\frac{1}{3}$ % = $\frac{10}{3}$ %) beträgt 1 Stimme. Somit betragen 10% drei Stimmen und 100% dreißig Stimmen. Insgesamt wurden also 30 Stimmen abgegeben; Dominik erhielt davon (0,2 · 30 =) 6 Stimmen, Gundi 5 Stimmen, Lena 10 Stimmen und Severin 9 Stimmen.

d) Wenn 20% aller Stimmen (17 748, also etwa) 17 750 Stimmen entsprechen, dann entsprechen 100% aller Stimmen etwa (5 · 17 750 =) 88 750 Stimmen.

Partei	FRP	SFD	CMU	GRU
Stimmenanteil in Prozent	20%	$16\frac{2}{3}$ %	$33\frac{1}{3}$ %	30%
Anzahl der Stimmen	≈ 17 750	≈ 14 790	≈ 29 580	≈ 26 630

Für die absolute Mehrheit sind mindestens etwa (88 740 : 2 + 1 =) 44 371 Stimmen erforderlich. Die Parteien CMU und GRU (etwa 56 210 Stimmen) bzw. die Parteien CMU und FRP (etwa 47 330 Stimmen) haben jeweils zusammen die absolute Mehrheit der Stimmen erhalten.

Seite 40 **2.**

Zu dem	Diagramm I	Diagramm II	Diagramm III	Diagramm IV
gehört das	Diagramm V	Diagramm VIII	Diagramm VII	Diagramm VI

I Beispiel: Anzahl der verkauften Exemplare der ersten vier Hefte der Schülerzeitung

II Beispiel: Anzahl der Besucher einer neuen Ausstellung in den ersten vier Tagen nach der Eröffnung

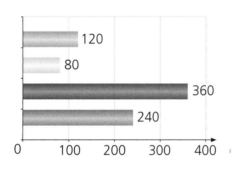
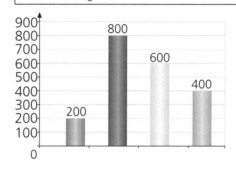

III Beispiel: Anzahl der von Gregor, Laura, Lucas bzw. Sophie verkauften Lose

IV Beispiel: Ergebnis von Gregors, Lauras, Lucas' bzw. Sophies Sammlung für UNICEF in €

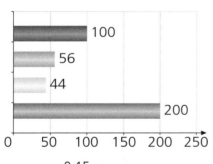
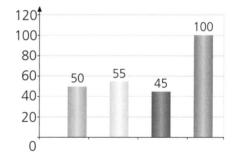

V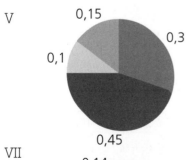

VI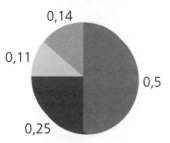

VII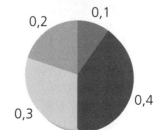

VIII

3.

Anzahl der \ Tag	So	Mo	Di	Mi	Do	Fr	Sa
ankommenden Gäste	50	40	45	10	42	20	10
abreisenden Gäste	25	12	35	0	12	45	40
am Abend (noch) registrierten Gäste mindestens	25	53	63	73	103	78	48

a) Am Sonntag sind am meisten Gäste angekommen, nämlich 50.

b) Am Freitag sind am meisten Gäste abgereist, nämlich 45.

c) Am Mittwoch und am Samstag sind am wenigsten Gäste angekommen, nämlich je 10.

d) Am Mittwoch sind am wenigsten Gäste abgereist, nämlich gar keine.

e) Am Donnerstagabend sind am meisten Gäste registriert, nämlich mindestens 103.

f) Das Hotel hat mindestens 103 Betten.

4. a) Der Preis für eine Kugel Eis hat von Jahr zu Jahr zugenommen; er hat sogar durchwegs von Jahr zu Jahr immer mehr zugenommen.

b), c) Individuelle Antworten

5.

Tier	Körpergröße	Sprungweite	Vielfaches
Löwe	1,9 m	4,5 m	2,4-fach
Fuchs	90 cm	2,9 m	3,2-fach
Springmaus	17 cm	2,9 m	17-fach
Känguru	1,9 m	13 m	6,8-fach
Rothirsch	2,65 m	11 m	4,2-fach
Gibbon	90 cm	12 m	13-fach
Mensch	1,9 m	8,9 m	4,7-fach

6.

	1. Tag	2. Tag	3. Tag	4. Tag	5. Tag
Anzahl der Gäste (Tinas Diagramm)	70	73	74	75	78
Anzahl der Gäste (Toms Diagramm)	71	72	73	75	77

a), b) Da das rechte Diagramm nicht mit 0, sondern erst mit 68 beginnt, entspricht einer Person eine „größere Einheit" als beim linken Diagramm; dadurch erscheint im rechten Diagramm auch der Zuwachs irreführend stark. Anderseits ist das rechte Diagramm genauer ablesbar als das linke.

Tabelle 1

Zähler	Echter Bruch	Unechter Bruch
1	$\frac{1}{2}; \frac{1}{3}; \frac{1}{4}; \frac{1}{5}; \frac{1}{6}$	$\frac{1}{1}$
2	$\frac{2}{3}; \frac{2}{4}; \frac{2}{5}; \frac{2}{6}$	$\frac{2}{1}; \frac{2}{2}$
3	$\frac{3}{4}; \frac{3}{5}; \frac{3}{6}$	$\frac{3}{1}; \frac{3}{2}; \frac{3}{3}$
4	$\frac{4}{5}; \frac{4}{6}$	$\frac{4}{1}; \frac{4}{2}; \frac{4}{3}; \frac{4}{4}$
5	$\frac{5}{6}$	$\frac{5}{1}; \frac{5}{2}; \frac{5}{3}; \frac{5}{4}; \frac{5}{5}$
6		$\frac{6}{1}; \frac{6}{2}; \frac{6}{3}; \frac{6}{4}; \frac{6}{5}; \frac{6}{6}$

Tabelle 2

	Echte Brüche	Unechte Brüche
Gesamtanzahl	15	21
Relative Häufigkeit	$\frac{15}{36} = \frac{5}{12} \approx 42\%$	$\frac{21}{36} = \frac{7}{12} \approx 58\%$

Diagramme: Im ersten Diagramm sind die absoluten Häufigkeiten, im zweiten Diagramm die relativen Häufigkeiten dargestellt.

	Absolute Häufigkeit	Relative Häufigkeit
Stammbrüche	6	$\frac{6}{36} = \frac{1}{6} \approx 17\%$
Brüche, bei denen sowohl der Zähler wie auch der Nenner eine Primzahl ist	9	$\frac{9}{36} = \frac{1}{4} = 25\%$
Echte Brüche, die in Grundform sind	11	$\frac{11}{36} \approx 31\%$

Seite 44 Individuelle Ergebnisse

Seite 45

1. The average of the audience figures is
   (840 + 850 + 860 + 865 + 870 + 870 + 880 + 885) : 8 = 6 920 : 8 = 865

a)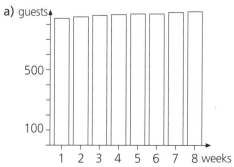

b)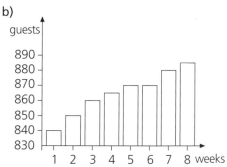

c) The manager would use graph a), and the head cashier would use graph b).

2.
Punkte	0	1	2	3	4	5	6	7	8	9	10
erreichten ... Mädchen	0	0	0	4	8	10	7	1	6	2	2
erreichten ... Jungen	0	0	1	6	9	10	6	3	1	3	1
erreichten ... Personen	0	0	1	10	17	20	13	4	7	5	3

a) Durchschnittliche Punkteanzahl der Mädchen:
(0·0 + 0·1 + 0·2 + 4·3 + 8·4 + 10·5 + 7·6 + 1·7 + 6·8 + 2·9 + 2·10) : 40 ≈ 5,7

Durchschnittliche Punkteanzahl der Jungen:
(0·0 + 0·1 + 1·2 + 6·3 + 9·4 + 10·5 + 6·6 + 3·7 + 1·8 + 3·9 + 1·10) : 40 = 5,2

Durchschnittliche Punkteanzahl aller Teilnehmer:
(0·0 + 0·1 + 1·2 + 10·3 + 17·4 + 20·5 + 13·6 + 4·7 + 7·8 + 5·9 + 3·10) : 80 ≈ 5,5

b) (0 + 0 + 0 + 4 + 8 + 10 + 7 + 1) : 40 = $\frac{3}{4}$ c) (1 + 3 + 1) : 40 = $\frac{1}{8}$

Seite 46 Individuelle Ergebnisse

Seite 47

1. Er hat die Spannweite angegeben.

2. 9 200 − 2 009 = 7 191

3. **Vor dem Streichen der Ausreißer:**
   Arithmetisches Mittel: (8,5 + 19,1 + 9,9 + 8,0 + 4,5) : 5 = 50,0 : 5 = 10,0
   Median: 8,5
   Spannweite: 19,1 − 4,5 = 14,6
   Nach dem Streichen der Ausreißer:
   Arithmetisches Mittel: (8,5 + 9,9 + 8,0) : 3 = 26,4 : 3 = 8,8:
   Es wird um 10,0 − 8,8 = 1,2, also um 12 %, kleiner.
   Median: 8,5:
   Der Median ändert sich durch das Streichen der Ausreißer nicht.
   Spannweite: 9,9 − 8,0 = 1,9:
   Sie wird um 14,6 − 1,9 = 12,7, also um etwa 87 %, kleiner.

4. a) Arithmetisches Mittel:
   (32 kg + 22 kg + 27 kg + 24 kg + 25 kg + 34 kg + 44 kg + 22 kg + 22 kg) : 9 = 28 kg
   Zentralwert: 25 kg
   Modalwert: 22 kg
   Spannweite: 44 kg − 22 kg = 22 kg
   b) Arithmetisches Mittel:
   (7 °C + 0 °C + 11 °C + 9 °C + 7 °C + 21 °C + 0 °C + 11 °C + 24 °C + 9 °C + 11 °C) : 11
   = 110 °C : 11 = 10 °C
   Zentralwert: 9 °C
   Modalwert: 11 °C
   Spannweite: 24 °C − 0 °C = 24 Grad
   c) Arithmetisches Mittel:
   $\left(\frac{1}{2} + \frac{1}{3} + \frac{1}{6} + \frac{1}{4} + \frac{1}{2}\right) : 5 = \frac{7}{4} : 5 = \frac{7}{20}$
   Zentralwert: $\frac{1}{3}$
   Modalwert: $\frac{1}{2}$
   Spannweite: $\frac{1}{2} - \frac{1}{6} = \frac{1}{3}$

5.

Gruppe	arithmetisches Mittel	Median	Spannweite	Abweichung von der Höhe 12,0 m
Achmed, Bea, Claudia, Doris, Eva	12,12 m	12,0 m	0,6 m	1 %
Franz, Gregor, Hilde, Isabel, Jurek	12,04 m	12,1 m	0,9 m	$\frac{1}{3}$ %
Karla, Laura, Marie, Natalie, Oliver	12,04 m	12,0 m	0,6 m	$\frac{1}{3}$ %
Pia, Rena, Sophie, Tina, Zoe	11,98 m	12,0 m	0,2 m	$\frac{1}{6}$ %

Die Gruppe Pia, Rena, Sophie, Tina, Zoe hat am besten gearbeitet: der Mittelwert ihrer Ergebnisse weicht am wenigsten von der tatsächlichen Gebäudehöhe ab, und die Spannweite ihrer Ergebnisse ist am kleinsten.

Seite 48
Seite 49

1. w
2. w
3. f
4. w
5. w
6. w
7. w
8. f
9. w
10. w
11. f
12. w
13. w
14. f

Seite 50

1. a) $\frac{2}{6} = \frac{1}{3}$ b) $\frac{5}{6}$ c) $\frac{4}{6} = \frac{2}{3}$

2. Beispiele:

a)   b)   c)

d)  e)   f)

3. Wahr sind die Aussagen a) und c);
falsch sind die Aussagen b), d) und e).

Seite 51 **Die Anordnung der ganzen Zahlen**

1.

10 > −40	−300 < −50	8 > 0	−130 < 0	−101 < −100	100 < 101	7 > −10
11 > 0	−110 < 0	3 > −10	0 > −18	−99 < −98	4 > −2	0 < 11

2.

12 = Betrag der Zahl (−12)	−3 = Gegenzahl der Zahl 3	−5 < Gegenzahl d. Zahl (−2)
8 < Betrag der Zahl 9	0 < Gegenzahl d. Zahl (−1)	−1 < Gegenzahl d. Zahl (−2)
0 < Betrag der Zahl (−10)	104 = Betrag der Zahl 104	0 > Gegenzahl der Zahl 2

3.

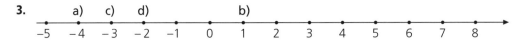

4.

```
  •────•────•────•────•────•────•────•────•────•────•────•──▶
-14  -12  -10  -8   -6   -4   -2   0    2    4    6    8   10
```
```
  •────•────•────•────•────•────•────•────•────•────•────•──▶
-200 -175 -150 -125 -100 -75  -50  -25  0   25   50   75  100
```
```
  •────•────•────•────•────•────•────•────•────•────•────•──▶
-600 -500 -400 -300 -200 -100  0   100  200  300  400  500  600
```
```
  •────•────•────•────•────•────•────•────•────•────•────•──▶
-1900 -1800 -1700 -1600 -1500 -1400 -1300 -1200 -1100 -1000 -900 -800 -700
```

5. $-100 < -10 < -5 < -4 < 0 < 1 < 3 < 11$.

6. $1\,000 > 505 > 101 > 100 > 44 > 11 > 8 > 0$.   **7.** $1\,000 \cdot 1 = 1\,000$.

Seite 52

1. Lucas kann zwar 12 verschiedene Summen bilden, erhält aber nur fünf verschiedene Summenwerte, nämlich 25; 30; 35; 40 und 45.

2. Die gesuchte Zahl ist 11, weil $\frac{11^2 - 11}{11} = \frac{121 - 11}{11} = \frac{110}{11} = 10 = 1\,000\%$ ist.

3.

	Tina	Max	Bea
Länge des Rechtecks	3 m	4,0 m	2,4 m
Breite des Rechtecks	1,4 m	1,2 m	2 m
Umfangslänge	8,8 m	10,4 m ≠ 8,8 m	8,8 m
Flächeninhalt	4,2 m² ≠ 4,8 m²	4,8 m²	4,8 m²
Ergebnis	Tina hat nicht Recht.	Max hat nicht Recht.	Bea hat Recht.

4. $\frac{1}{4} = \frac{1}{5} + \frac{1}{20}$

5. $\frac{1}{6} = \frac{1}{2} - \frac{1}{3}$

6. 85% des Preises entsprechen 51 €; 100% des Preises entsprechen somit 60 €. Der reguläre Preis von Lindas Turnschuhen war 60 €. [Rechnung: 51 € : 0,85 = 60 €]

7. $3,25 - 0,75 = 2,5$. Dazu muss man 0,5 addieren, um die Primzahl 3 zu erhalten.

8. $(8\text{ cm})^3 - (6\text{ cm})^3 = 512\text{ cm}^3 - 216\text{ cm}^3 = 296\text{ cm}^3$. Sein Volumen nimmt um 296 cm³, also um $\frac{296}{512} \approx 58\%$, ab.

9. 112% des Preises entsprechen 28 €; 100% des Preises entsprechen 25 €. Die Fahrkarte kostete also vorher 25 €. [Rechnung: 28 € : 1,12 = 25 €]

10. $6 \cdot 3\text{ €} = 18\text{ €}$. In einem halben Jahr macht die Taschengelderhöhung 18 € aus.

11. $\frac{11}{15} = \frac{22}{30}$; $\frac{15}{18} = \frac{5}{6} = \frac{25}{30}$. Da $\frac{25}{30} > \frac{22}{30}$ ist, war Leons Trainingsergebnis besser als Bens.

12.

Zahl	9	92	1	-12	0	-100	-1	-3
Vorgänger	8	91	0	-13	-1	-101	-2	-4
Nachfolger	10	93	2	-11	1	-99	0	-2

13. a) 30%   b) 20%   c) 70%   d) 70%   e) 20%
Kleinste Zahl: -11; größte Zahl: 21
Zwischen -11 und 21 liegen 31 ganze Zahlen.